ZEITSCHRIFT FÜR ANGEWANDTE GEOLOGIE

HERAUSGEGEBEN VON

DER STAATLICHEN GEOLOGISCHEN KOMMISSION

UND DER ZENTRALEN VORRATSKOMMISSION

DER DEUTSCHEN DEMOKRATISCHEN REPUBLIK

AUS DEM INHALT

AKADEMIE-VERLAG · BERLIN

BAND 8 / HEFT 1
JANUAR 1962
SEITE 1—56

Die ZEITSCHRIFT FÜR ANGEWANDTE GEOLOGIE berichtet ständig über folgende Arbeitsgebiete: Geologische Grundlagenforschung und Lagerstättenforschung / Methodik der geologischen Erkundung / Ökonomie und Planung der geologischen Erkundung / Technik der geologischen Erkundung / Geologie und Lagerstättenkunde im Ausland. In der Zeitschrift können alle strittigen Fragen der praktischen Geologie behandelt werden. Die Autoren übernehmen für ihre Aufsätze die übliche Verantwortung.

ZEITSCHRIFT FÜR ANGEWANDTE GEOLOGIE

KOLLEKTIVE CHEFREDAKTION

Dr. K. KAUTER (Redaktionssekretär)
Dr. F. STAMMBERGER
Dr. G. TISCHENDORF
Dipl.-Berging.-Geol. G. ZINDLER

BAND 8 · JANUAR 1962 · HEFT 1

Untersuchungen am Grauen Salzton im Spaltendiapir des oberen Allertales[1)]

GÜNTER SCHULZE, CHRISTA GREULICH & HANS SEYFERT, Halle

I. Einleitung

Die herzynisch streichende Störungszone des oberen Allertales birgt unter Tertiär und (oder) jüngerem Mesozoikum in ihrem Kern einen Spaltendiapir, der sich aus Zechsteinsalzen aufbaut. Seine Entstehung läßt sich auf das Aufreißen der Allertalspalte zurückführen. Aus dem benachbarten Untergrund strömten gewaltige Mengen hochmobiler Salze, die dem Druck der hangenden Sedimente auswichen, in die vorgezeichnete Schwächezone. Dieser Salzaufstieg setzte frühestens nach dem Malm ein.

Die ursprünglich flachgelagerten Schichten des Salinars sind in der Störungszone steil aufgerichtet und mannigfach verfaltet. Sie streichen generell parallel dem Rand des Salzpfeilers.

Die Salzlagerstätte wurde durch zahlreiche Tiefbohrungen und Schächte erschlossen. Abgesehen von den in Westdeutschland gelegenen Schächten, sind im Bereich des oberen Allertales nur noch die Gruben „Marie" in Beendorf und Bartensleben bei Morsleben einer unmittelbaren geologischen Untersuchung zugänglich (Abb. 1.)

In den Untertageaufschlüssen tritt mit zunehmender Randnähe des Diapirs eine enge und komplizierte Verfaltung auf. In der Mitte hingegen sind relativ ruhige Lagerungsverhältnisse mit breiten Sätteln und Mulden zu finden. Es ist daher möglich, für die Zechsteinschichten des oberen Allertales folgendes Normalprofil aufzustellen:

Allerzyklus (IV)	Allersteinsalz	>40 m (geschätzt)
	Pegmatitanhydrit	0,5–1,0 m
	Roter Salzton	3–5 m
Leinezyklus (III)	Leinesteinsalz	55–85 m
	Hauptanhydrit	30–40 m
	Grauer Salzton	2,5 m
Staßfurtzyklus (II)	Deckanhydrit	1,5 m
	Decksteinsalz	0,3–2,5 m
	Flöz Staßfurt (als Carnallitgestein)	6–8 m
	Staßfurtsteinsalz	ca. 100–200 m
	Basalanhydrit	2 m
	Stinkschiefer	4–7 m
Werrazyklus (I)	Werraanhydrit	38–48 m
	Zechsteinkalk	4–10 m
	Kupferschiefer	0,3 m
	Zechsteinkonglomerat	1 m

Die angeführten Horizonte lassen eine detaillierte weitere feinstratigraphische Unterteilung zu. Diese hat sich für das gesamte subherzyne Becken im wesentlichen als zutreffend erwiesen und umfaßt darüber hinaus teilweise noch größere Bereiche. Die vielfach bestätigte und allgemein bekannte Dreigliederung des speziell in dieser Arbeit betrachteten Grauen Salztones im weiteren Sinne ist in ähnlicher Ausbildung und Mächtigkeit über weite Gebiete des Zechsteinbeckens vorhanden.

Es lassen sich unterscheiden:

eine hangende karbonatische Partie	T 3d
eine mittlere tonige Partie	T 3t
eine liegende anhydritische Partie (auch als Deckanhydrit oder Tonanhydrit bezeichnet)	T 3a

Die obere Partie ist fest und bankig. Sie enthält im oberen Meter bei Staßfurt nach C. REIDEMEISTER (1912, S. 230) aufgerundet

30% SiO_2
16% Al_2O_3
3% CaO
18% MgO
18% CO_2
4% SO_3

Umgerechnet ergeben sich neben Tonmineralen 34% Magnesit, 6% Anhydrit, 11% Quarz. Die Werte für Fe_2O_3, FeO, NaCl, KCl, H_2O können in diesem Zusammenhang und für die folgenden Betrachtungen unberücksichtigt bleiben.

Der Magnesitgehalt kann bei nahezu fehlendem Anhydritanteil nach H. PRECHT (1882, S. 197/198) auf 40–50%

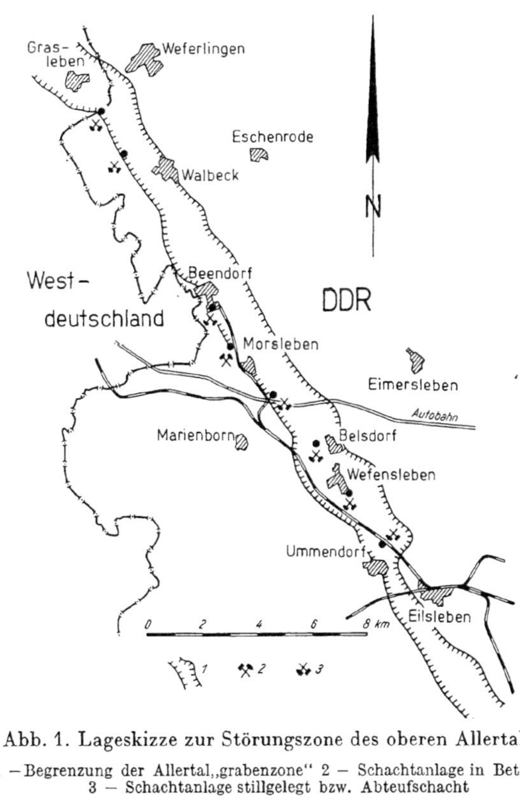

Abb. 1. Lageskizze zur Störungszone des oberen Allertales

1 – Begrenzung der Allertal„grabenzone" 2 – Schachtanlage in Betrieb, 3 – Schachtanlage stillgelegt bzw. Abteufschacht

[1)] Eingang des Manuskripts in der Redaktion: 31. 8. 1961

ansteigen. W. BILTZ & E. MARCUS (1910, S. 99) geben sogar bis zu 75% Magnesit an.

Die mittlere tonige Partie besteht nach C. REIDEMEISTER (1912, S. 230) von 2—4 m unter der Grenze zum Hauptanhydrit aus ca.

40% SiO_2
20% Al_2O_3
8% MgO
5% CaO
2% CO_2
6% SO_3

Die Umrechnung ergibt, abgesehen von Tonmineralen und freier Kieselsäure, rund 10% Anhydrit, 3% Calcit und 1—2% Magnesit. Der Anhydritgehalt beträgt nach W. BILTZ & E. MARCUS (1910, S. 99) nur 2%, während Calcit und Magnesit vollständig fehlen. Auch H. PRECHT (1882, S. 197/198) stellt nur 2% Anhydrit fest, Calcit fehlt gleichfalls, jedoch wurden 4% Magnesit gefunden.

Der untere anhydritische Teil weist bei Staßfurt nach C. REIDEMEISTER (1912, S. 230) folgende Gehalte auf:

SiO_2	11—18%
Al_2O_3	6—13%
MgO	2— 3%
CaO	24—28%
CO_2	2%
SO_3	30—38%

Das entspricht umgerechnet, abzüglich Tonmineralen, etwa 4% Calcit, 4% Quarz und 52—64% Anhydrit.

Für Krügershall (jetzt Kaliwerk Deutschland, Teutschenthal) werden von K. BRUNHÖVER (1916, S. 38) 66% Anhydrit, für Salzdetfurth von F. ENGEL (1913) 40% Anhydrit angegeben.

Abweichend von der hier nur chemisch belegten Dreiteilung deuten die Analysen und feinstratigraphischen bzw. petrographischen Beschreibungen von K. BECK (1911, S. 294—296) für „Marie" und Bartensleben, W. ZWANZIG (1928, S. 48) für Wefensleben—Belsdorf und E. KRZYWICKI (1949) für Bartensleben[2]) auf eine fazielle Sonderentwicklung des Grauen Salztones im oberen Allertal hin. Die genannten Bearbeiter gliedern in einen

oberen anhydritischen Teil,
mittleren tonigen Teil,
unteren magnesitischen Teil.

Die von K. BECK (1911, S. 294/295) beigebrachten Analysenergebnisse weisen für den oberen Teil des Grauen Salztones rd. 85% Anhydrit und fehlenden Magnesitanteil auf.

Die mittlere tonige Partie zeigt keine bedeutenden Unterschiede zum Staßfurter Profil.

Für den unteren Teil werden 35% Magnesit und 0,5% Anhydrit mitgeteilt.

F. LOTZE (1938, S. 470) weist jedoch auf die Möglichkeit hin, daß sich die Angaben auf eine invers gelagerte Schichtenfolge beziehen können und daher nicht ohne weiteres im Sinne einer faziellen Differenzierung gedeutet werden dürfen.

Dieser Tatbestand war der Anlaß zu feinstratigraphischen Aufnahmen des Grauen Salztones im Grubengebäude der Schachtanlagen Bartensleben und „Marie" mit dem Ziel, eine Klärung der o. a. offenen Fragen herbeizuführen. Die feinstratigraphischen Ergebnisse wurden durch mineralogisch-petrographische sowie chemisch-physikalische Untersuchungen untermauert und vertieft.

II. Feinstratigraphie

Zur Bearbeitung wurden zwei unverschalte, durch relativ ruhige Lagerungsverhältnisse gekennzeichnete Aufschlüsse ausgewählt.

Das erste Normalprofil liegt im Südfeld der 360-m-Sohle der Grube „Marie". Die Fluchtstrecke nach Bartensleben durchörtert in diesem Niveau ca. 200 m östlich vom Schacht die Ostflanke des relativ ruhig gelagerten, breit angelegten ostvergenten Schachtsattels. Die Sattelflanke ist zwar nach NE überkippt, so daß der Graue Salzton in inverser Lagerung angetroffen wird, weist aber im allgemeinen eine normale, durch Kulissenfalten oder seitliche Ausstülpungen des Sattels nur lokal gestörte Schichtfolge auf. Die Aufnahme ergab vom Hauptanhydrit zum Decksteinsalz folgenden feinstratigraphischen Aufbau (vgl. auch Abb. 2):

Hauptanhydrit

Leinezyklus

0,20 m	Magnesit, grauschwarz bis dunkelblaugrau, feinkristallin, unregelmäßig brechend, mit kleinen (1 mm Kantenlänge und kleiner) eingesprenkelten idiomorphen Anhydritkristallen und seltener mit ca. $^1/_2$ mm dünnen anhydritischen Schlieren. Äußerlich und auf Klüften durch Verwitterung fahl-, gelb-, ocker- und dunkelbraun gefärbt. Gegen die liegende Magnesitbank durch eine Ablösungsfläche begrenzt.
0,30 m	Gestein wie zuvor mit einer 2 mm mächtigen tonigen Ablösungsfläche an der Liegendkante. Oberflächlich und auf Klüften mit ocker- bis dunkelbrauner Verwitterungsfarbe.
0,16 m	Gestein wie zuvor. An der Oberfläche und von Klüften ausgehend gelb- und orangebraun gefärbt.
1,60 m	Tonstein, grauschwarz bis grünschwarz, salzig schmeckend, dünnblättrig zerfallend. Besonders an der Oberfläche trockener Tonblättchen Ausblühungen zahlreicher kleiner weißer Steinsalzkristalle. Untergeordnet schichtige karbonatische Einlagerungen in Zentimeterdimension und einige millimetermächtige Kieseritlagen.

Staßfurtzyklus

0,50 m	Anhydrit, dunkel- und hellgrau gefleckt, überwiegend feinkristallin, stellenweise durch grauschwarze Tonsubstanz stärker verunreinigt, uneben brechend, mit zarter, dunkler Tonaderung.
0,0—0,04 m	Tonstein, grauschwarz, grünschwarz, feinschichtig-dünnblättrig.
0,30 m	Anhydrit, grünschwarz bis grauschwarz, stark tonig verunreinigt, feinschichtig durch den Wechsel stärker und weniger stark tonhaltiger Lagen, mit max. 1 cm mächtigen hellgrauen bis weißlichen, feinkristallinen, porzellanartigen Anhydritschichten und lamellenartigen, feinblättrigen Tonschichten. An der Oberfläche und auf Klüften braunocker, fahlbraun und seltener dunkelbraun gefärbt.
0,07 m	Anhydrit, grau, hellgrau, weißlich, glatt und scharfkantig brechend, feinkristallin bis dicht, vereinzelt idiomorphe Anhydritkristalle bis zu 2 mm Kantenlänge. An der Oberfläche und auf Haarrissen Anflüge gelb- bis ockerbrauner Verwitterungsfarben.
0,06 m	Tonstein, grauschwarz, grünschwarz, dünnblättrig.
0,50 m	Anhydrit, grauschwarz bis grünschwarz, häufig tonig verunreinigt, unregelmäßig feinschichtig, mit hellgrauen bis weißlichen max. 2 cm mächtigen porzellanartigen, dichten bis feinkörnigen Anhydritlagen und millimeter- bis papierdünnen, tonigen Ablösungsflächen. Anhydrit an der Oberfläche und auf Klüften mit braunocker, gelbocker und ocker Verwitterungsfarben.
0,008 m	Tonstein, grauschwarz, grünschwarz, dünnblättrig.
0,05 m	Anhydrit, grauschwarz bis dunkelblaugrau, feinkristallin, dicht, meist glatt brechend, mit max. 1 cm mächtigen hellgrauen bis weißlichen, feinkristallinen Anhydritlagen und millimeterstarken, dunkelgrauen und grauschwarzen Tonlamellen. Anhydrit durch

[2]) Im Gegensatz hierzu wird von E. KRZYWICKI (1947) auch die normale Abfolge angegeben.

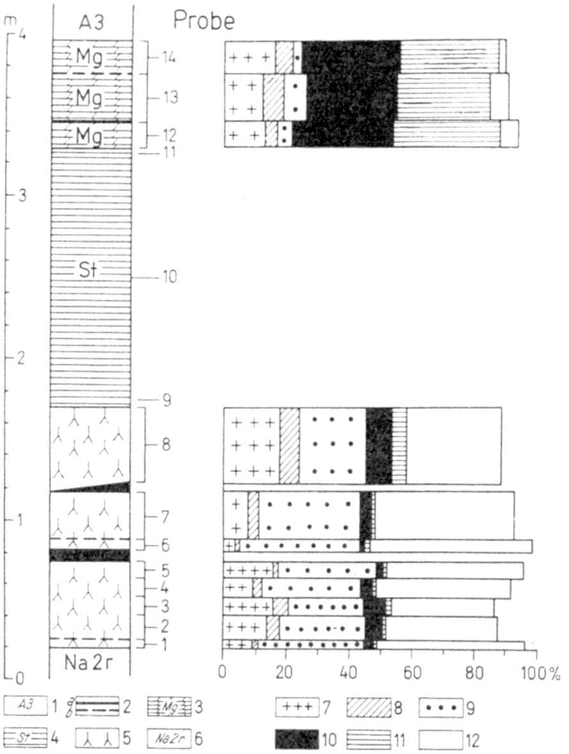

Abb. 2. Feinstratigraphisches Normalprofil des Grauen Salztones mit graphischer Darstellung der chemischen Analysenergebnisse (Grube „Marie", 360-m-Sohle, Fluchtstrecke); Probe 9—11 siehe Tabelle 3

1 — Hauptanhydrit; 2 — a) Tonsteinmittel, b) Trennfuge; 3 — Grauer Salzton (magnesitische Partie); 4 — Grauer Salzton (tonige Partie); 5 — Grauer Salzton (anhydritische Partie); 6 — Decksteinsalz; 7 — SiO_2; 8 — Al_2O_3; 9 — CaO; 10 — MgO; 11 — CO_2; 12 — SO_3

Verwitterung an der Oberfläche und auf Klüften fahlbraun, gelbbraun und braunoliv gefärbt.
Im Grauen Salzton auf zahlreichen Haarrissen, Sprüngen und Klüften sowie in Schmitzen und Butzen sekundäre Kluftmineralbildungen (vorwiegend Steinsalz, Sylvin, Carnallit, Kieserit, Anhydrit).

Decksteinsalz

Das zweite Normalprofil wurde im Ostquerschlag der 3. Sohle in der Grube Bartensleben ca. 620 m östlich vom Schacht aufgenommen. Das derzeitige Ende des Querschlages schließt die mit etwa 80^g nach SW einfallende Westflanke des regelmäßig gebauten Ostsattels auf. Abgesehen von unbeträchtlichen Schwankungen in der Mächtigkeit, dem Auskeilen der Tonsteinmittel und dem örtlich bedingten Auftreten dünner Kieserit-„schnüre" in den unteren 0,6 m, wurde das gleiche Feinprofil ermittelt (Abb. 3). Dieser feinstratigraphische Aufbau läßt sich auch noch in anderen Aufschlüssen des Grubengebäudes bei stärker gestörter Lagerung nachweisen.

III. Mineralogisch-petrographische Untersuchungsergebnisse

Aus den beiden Normalprofilen wurden Proben zu mineralogisch-petrographischen und chemisch-physikalischen Untersuchungen entnommen. Die mit arabischen Zahlen bezeichneten Proben entstammen der Schachtanlage „Marie", die mit kleinen Buchstaben versehenen Proben der Schachtanlage Bartensleben. Die Zahlen 1—8 und die Buchstaben a—d beziehen sich jeweils auf die untere Partie des Grauen Salztones. Die Nummern 9—11 entfallen auf den mittleren Abschnitt, der in der Grube Bartensleben nicht bemustert wurde. Die Ziffern 12—14 bzw. die Buchstaben e—g umfassen die obere magnesitische Zone (Abb. 2 und 3).

Die Proben der anhydritischen und magnesitischen Bänke wurden ausschließlich anhand von Dünnschliffen, die Proben der tonigen Partien zusätzlich röntgenographisch untersucht.

1. Dünnschliffuntersuchungen

a) Mineralbestand und Ausbildung der einzelnen Minerale

Die Schliffe aus der Schachtanlage „Marie" weisen folgenden Mineralbestand auf:

Anhydrit
Karbonatminerale (hauptsächlich Magnesit)
Steinsalz
Koenenit
Quarz
sonstiges klastisches und toniges Material

Anhydrit

Er ist überwiegend feinkörnig hypidiomorph ausgebildet. Neben gerundeten Körnern und rechtwinklig begrenzten Leisten liegen noch Nädelchen und lange Spieße vor, die an einigen Stellen radialstrahlig angeordnet sind. Größere Anhydrite finden sich in Nestern und Lagen, vereinzelt auch als Idioblasten.

In der tonigen Partie des Grauen Salztones tritt Anhydrit ebenso wie Steinsalz, Koenenit und Quarz als Ausfüllung verzweigter Risse und Klüfte auf. Die außerdem noch im Tonmaterial befindlichen Anhydrite sind sehr klein. Größere, wenn auch durch Verdrängungserscheinungen etwas zerrissene Anhydritkristalle wurden vorwiegend in karbonatreichen Schichten gefunden. In dieser Zone zeigen sie auch

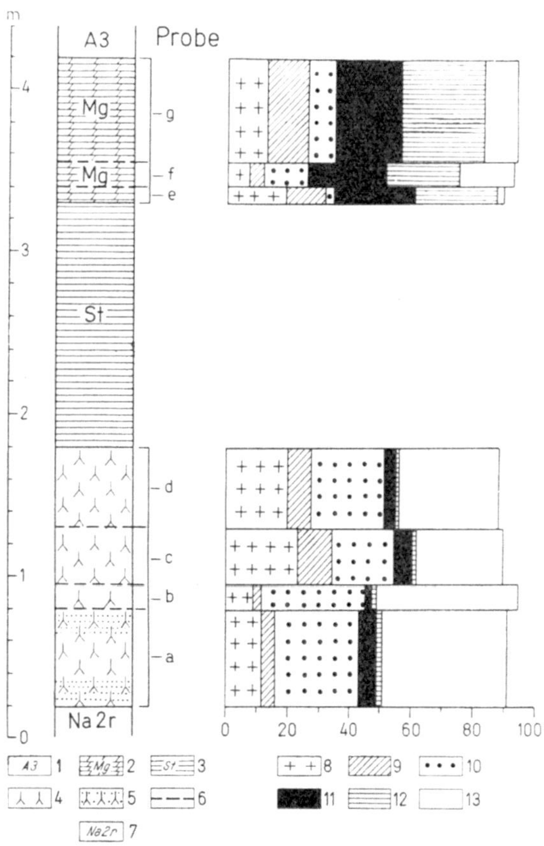

Abb. 3. Feinstratigraphisches Normalprofil des Grauen Salztones mit graphischer Darstellung der chemischen Analysenergebnisse (Grube Bartensleben, 3. Sohle, O-Querschlag)

1 — Hauptanhydrit, 2 — Grauer Salzton (magnetische Partie), 3 — nicht untersuchter Grauer Salzton (tonige Partie), 4 — Grauer Salzton (anhydritische Partie), 5 — Grauer Salzton (anhydritische Partie, stellenweise mit Kieserit„schnüren"), 6 — Trennfuge bzw. Tonsteinmittel, 7 — Decksteinsalz, 8 — SiO_2, 9 — Al_2O_3, 10 — CaO, 11 — MgO, 12 — CO_2, 13 — SO_3

zuweilen lamellare Zwillingsbildungen nach (101) und undulöse Auslöschung.

Das karbonatische Material tritt vorwiegend in Form von schmalen Leisten auf, die als Querschnitte durch nach (0001) taflige Kristalle entstehen und ein intersertales Leistengefüge bilden (Abb. 4). Vereinzelt zeigen die Leisten an den Enden Absätze, welche die rhomboedrische Spaltbarkeit andeuten. Mit Hilfe von Lichtbrechungsflüssigkeiten wurde die Lichtbrechung n_E zwischen 1,5249 und 1,5390 bestimmt. Ausbildung und optische Daten sprechen für das Vorhandensein von Magnesit. Das gleiche Resultat ergab auch die Röntgenanalyse. Magnesit liegt ferner in kleinen, rundlichen, xenomorphen Körnern vor, die meist mosaikartig angeordnet sind. Nur vereinzelt sind hypidiomorphe und idiomorphe Körner anzutreffen. In einigen Fällen befinden sich auf größeren Quarzen winzige Karbonatkörnchen.

Steinsalz

Im anhydritischen Teil des Grauen Salztones läßt sich Steinsalz in Gestalt idiomorpher Kristalle nachweisen, die im Innern oft noch Tonflecken, mit Ton umsäumte Steinsalzlinsen und Anhydrit enthalten. Diese z. T. recht großen Kristalle sind in einzelnen Lagen verbreitet (Abb. 5).

Koenenit

Er fällt in Form von Schüppchen besonders in den tonreichen Schliffproben auf.

Quarz

Quarz ist hauptsächlich in den tonreichen Lagen häufig anzutreffen, und zwar meist in schmalen, feinen Splittern und abgerundeten, teils auch langgezogenen Körnern wechselnder Größe. In den anhydritischen und karbonatischen Bereichen ist klastischer Quarz weniger häufig. In der näheren Umgebung größerer Anhydrite in der tonigen Partie fällt besonders das Vorhandensein annähernd idiomorpher Quarze auf. Die in den Anhydrit hineinwachsenden Quarze zeigen meist an ihrem hineinragenden Teil idiomorphe Begrenzungen (Abb. 6). Oft liegen aber auch in einem Anhydritkorn idiomorphe Quarze ohne Verbindung zum Rand. Bei wenigen größeren Quarzen deutet sich schwach undulöse Auslöschung an.

Die Probe 14 weist Anhydrit in angedeuteten Pseudomorphosen nach Quarz auf. Einzelne Ecken sind noch durch Quarz ausgefüllt.

Toniges und klastisches Material

Die tonigen Bestandteile treten meist in Form von Lagen wechselnder Länge und Breite auf. Verbreitet sind auch verschieden große Tonflecken und -schlieren. Oft sind Anhydrit, Karbonatminerale, auch Eisenoxyde sowie Erzkörnchen mit Ton fein vermischt. Im anhydritischen Bereich des Grauen Salztones sind an einigen Stellen rechtwinklige Steinsalz- oder Anhydritbegrenzungen durch toniges Material markiert. Diese ,,Individuen" sind dann durch Ton, Steinsalz und Anhydrit ausgefüllt (Abb. 7).

Tab. 1. Mineralbestand in der Schachtanlage ,,Marie"

Probe	Schliff-*) Nr.	Mineralbestand
14	3944	Anhydrit, Magnesit, Quarz, Koenenit, Tonmaterial mit Erzkörnchen, Chlorit
13	3925	» » » Koenenit, Tonmaterial, Biotit, Chlorit
12	3924	» » » Koenenit, Feldspat, Tonmat., Chlorit
11	3926	» » » Koenenit, Feldspat, Tonmat., Chlorit
10	3943	» Quarz, Koenenit, Tonmat., Feldspat, Chlorit
9	3923	» » » » Feldspat, Chlorit
8	3922	» » » » Chlorit
7	3921	» » » » Biotit, Chlorit
6	3920	» » » » » »
5	3919	» » » » » »
4	3912	» Steinsalz, Quarz, Tonmaterial, Biotit, Chlorit
3	3903	» » » Koenenit, Tonmaterial mit Erzkörnchen, Biotit, Chlorit
2	3956	» » » Tonmaterial
1	3902	» » » » mit Erzkörnchen

*) Schliffarchiv des VEB Geologische Erkundung West

Tab. 2. Mineralbestand in der Schachtanlage Bartensleben

Probe	Schliff-Nr.	Mineralbestand
g	3946	Anhydrit, Magnesit, Quarz, Koenenit, Tonmat., Chlorit,
f	3947	» » » » » mit Erzkörnchen, Chlorit
e	3948	» » » » » mit Erzkörnchen, Chlorit
d	3949	» » » » Chlorit, Feldspat
c	3950	» » » » Chlorit, Feldspat
b	3951	» Steinsalz » » » Chlorit, Feldspat
a	3952	» » » » »

Außerdem befinden sich in den Schliffen Biotit und Chlorit sowie etwas Feldspat.

Schliffe aus der Schachtanlage Bartensleben

Der Mineralbestand dieser Schliffe ist der gleiche wie bei der Grube ,,Marie".

Anhydrit

Anhydrit ist wie in der Schachtanlage ,,Marie" ausgebildet. In der Probe g deuten tonige Anhydritumrisse z. T. Pseudomorphosen nach Quarz an.

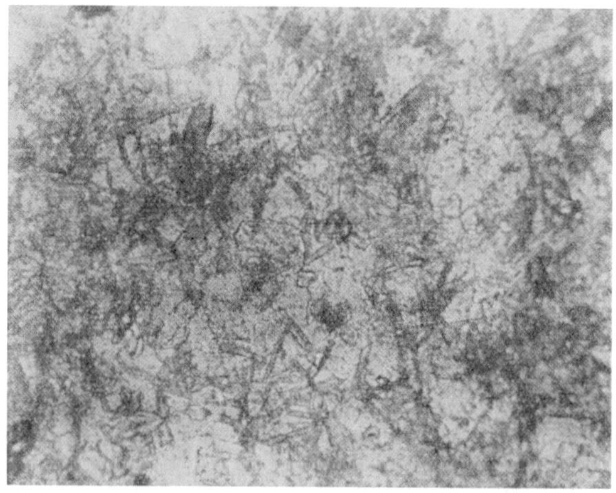

Abb. 4. Magnesitleisten im Anhydrit
1 N, Vergr. ca. 70fach (Grube ,,Marie", Probe 12)

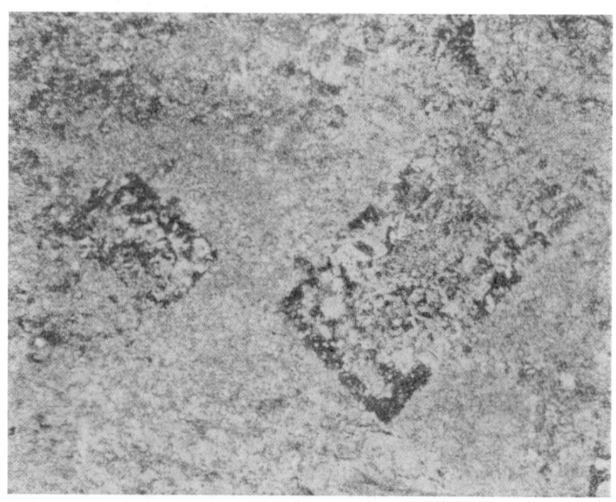

Abb. 5. Idiomorphe anhydritführende Steinsalzkristalle im feinkörnigen Anhydrit
+ N, Vergr. 31fach (Grube ,,Marie", Probe 3)

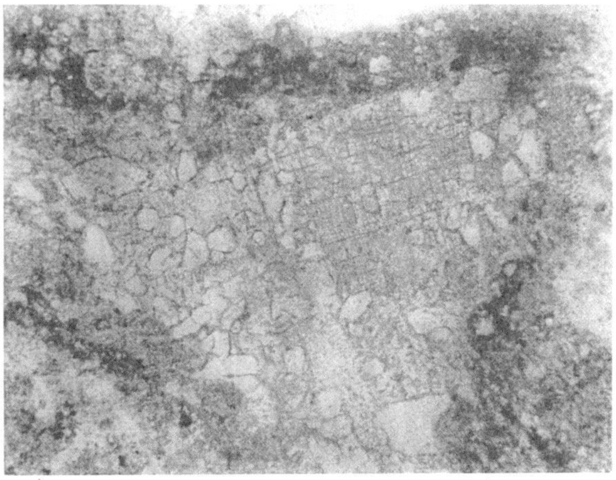

Abb. 6. Idiomorphe Quarze im Anhydrit
1 N, Vergr. 40fach (Grube „Marie", Probe 9)

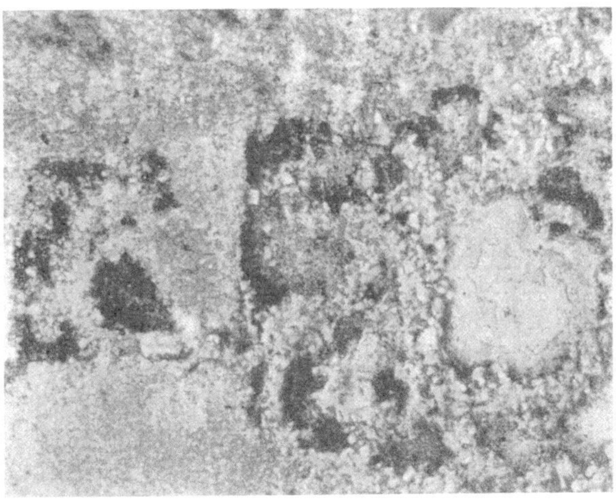

Abb. 7. Durch Anhydrit, Steinsalz und Ton ausgefüllte sowie von Ton umrandete rechtwinklige „Individuen" im Anhydrit
1 N, Vergr. 31fach (Grube „Marie", Probe 4)

Karbonatminerale

Das karbonatische Material tritt in Bartensleben vorwiegend in abgerundeten, xenomorphen Magnesitkörnern mit Pflastergefüge auf. Besonders in Probe f wird das Eindringen kleiner Karbonatkörnchen in größere Anhydrite deutlich. Nur in Probe e liegen einzelne Magnesitleisten vor.

Steinsalz

Steinsalz ist ebenfalls mit rechtwinkligen Umgrenzungen (besonders in Probe b aus der anhydritischen Partie) in den Schliffen enthalten.

Koenenit

Wie in der Schachtanlage „Marie" ist auch hier Koenenit nachweisbar.

Quarz

Quarz liegt in Gestalt abgerundeter Körner und schmaler Splitter vor. In den liegenden Partien zeigen die größeren Körner vereinzelt undulöse Auslöschung. In den mittleren Schichten sind oftmals größere Quarze von Anhydrit eingeschlossen. Im hangenden Teil sind in einzelnen Gängen Quarze und Ton fein vermengt. Idiomorpher Quarz wurde nicht festgestellt.

Toniges und klastisches Material

Tonige Bestandteile sowie Erzkörnchen, Biotit und Chlorit und etwas Feldspat liegen wie in Grube „Marie" vor.

b) Gesetzmäßigkeiten, Verwachsungen und Verdrängungen

Grube „Marie"

Innerhalb des Profils verteilen sich die einzelnen Minerale und Bestandteile wie in Tab. 1 dargestellt.

Die Proben 1 bis 8 aus der unteren Zone zeigen feinkörnigen Anhydrit als Hauptmineral (2,9 μ bis 4,8 μ und bei den gröberen Anhydriten bis zu 39,4 μ × 28,8 μ).

Die Proben 9, 10 und 11 aus der Mitte des Profils sind stark tonhaltig. In der Reihenfolge der Nummern nimmt der anfänglich stark untergeordnete Anteil an Magnesit allmählich zu. Klastische Quarze sind besonders häufig, sie treten überhaupt bevorzugt in tonigen Lagen auf. Diese drei Proben wurden röntgenographisch untersucht. Sie enthalten viel Quarz und Koenenit und außerdem noch Chlorit und Illit. Feldspat tritt nur untergeordnet auf.

Bei den Proben Nr. 12 bis 14 aus dem oberen Teil des Profils ist ein hoher Karbonatanteil zu bemerken, während Anhydrit untergeordnet vorliegt. Schmale Magnesitleisten (17,9 μ × 1,4 μ), rundliche -körner (3,5 μ × 2,8 μ) wachsen in die größeren Anhydrite hinein und durchsetzen sie. Besonders in der Probe 12, also der tiefen Zone des karbonatischen Bereiches, ist Magnesit mit typischem Intersertalgefüge vertreten.

Die Korngröße der Anhydrite ist sehr schwankend. Die Größe der Magnesitnadeln wechselt nur in geringem Maße. Die Korngröße der Quarze (15 μ bis 246 μ) erreicht im tonigen und im karbonatischen Horizont jeweils einen Höhepunkt.

Bei den anhydritischen Partien sind rechtwinklige Umrisse zum Liegenden hin durch Steinsalz und zum Hangenden hin durch Ton ausgefüllt. In den tonigen Schichten treten idiomorphe Quarze auf, die aber meist in größeren Anhydriten oder in deren Umgebung liegen und auf authigene Bildung schließen lassen. Diese Annahme wird besonders durch die idiomorphen Quarze unterstrichen, die von außen in die größeren Anhydrite hineinragen. In den mittleren bis oberen Partien, beginnend bei den tonreichen Proben, dringt magnesitisches Material in die größeren Anhydrite ein (Abb. 8). An einigen Stellen sind die gröberen Anhydrite vollkommen von Karbonat durchsetzt.

Grube Bartensleben

Die Proben e bis g aus der oberen Partie bestehen überwiegend aus Magnesit (s. Tab. 2). Wie im Grubengebäude „Marie" tritt Magnesit in Form von Leisten bevorzugt zum tonreichen Horizont hin auf. Das wenige Anhydritmaterial wird unregelmäßig von Magnesit durchsetzt. In einigen Fällen dringen Karbonatkörnchen auf Spaltflächen in den Anhydrit ein. Die übrigen Schliffproben

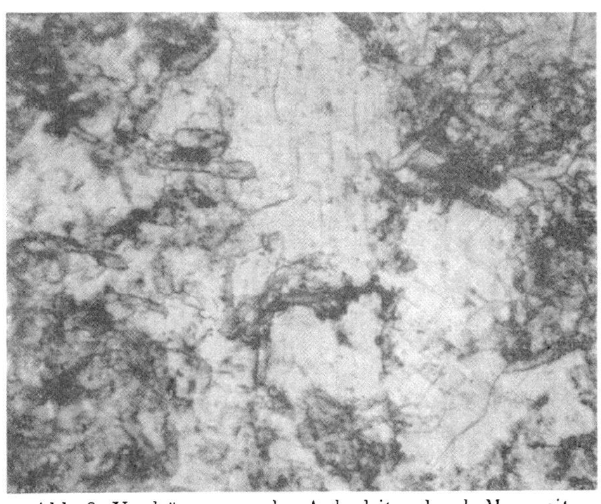

Abb. 8. Verdrängungen des Anhydrites durch Magnesit
1 N, Vergr. ca. 300fach (Grube „Marie", Probe 12)

Tab. 3. Ergebnisse der röntgenographischen Untersuchung der Proben

Probe 11		Probe 10		Probe 9		Quarz*		Prokoenenit**		„Mg-Chamosit" ***		Illit***		Feldspat* Oligoklas	
d (Å)	I	d	I	d	I	d	I	d	I	d	I	d	I	d	I
14,2	s	14,0	s	14,1	ss					14	st				
10,0	stst	10,3	st	9,94	st							9,9	st		
7,73	stst	7,69	st	7,66	st			7,73	stst						
7,37}	st	7,31}	st	7,31}	m										
7,14}		7,13}		7,05}						7,1	stst				
6,33	s	6,32	ss											6,38	m
5,68	ss	5,68	m											5,90	s
4,98	m			4,95	s							4,9	m		
4,72	ss	4,74	ss	4,70	ss					4,73	s				
										4,69	mst				
4,52	s	4,57	s	4,56	s										
4,46	s	4,48	m	4,48	s							4,45	stst		
4,26	stst	4,27	stst	4,25	stst	4,21	st					4,28	s		
4,11	ss											4,11	s		
3,97	s	3,98	s	3,98	s									4,035	st
3,86	st	3,83	m	3,83	s			3,85	stst			3,87	s	3,85	ms
														3,73	mst
3,64	s	3,63	s	3,66	s							3,64	ms	3,645	mst
3,61	s	3,60	s												
3,54	s	3,52	m	3,53	s					3,53	stst				
3,47	ss	3,45	ss											3,46	m
														3,40	s
3,34	stst	3,34	stst	3,34	stst	3,35	stst					3,35	stst	3,35	ms
3,20	ss	3,20	ss	3,20	ss									3,19	stst
3,13	ss											3,09	ms	3,14	ms
3,00	ss	2,99	s	2,98	ss									2,97	m
2,95	s	2,94	s	2,94	ss									2,91	ms
2,86	ss	2,86	ss	2,86	ss							2,85	m		
2,84	ss									2,83	m			2,84	m
2,79	ss	2,79	ss	2,78	ss										
2,75	s														
2,71	s									2,69	s				
										2,61	s			2,63	ms
2,58	st	2,57	st	2,56	m			2,58	st	2,60	ss	2,56	stst		
2,51	s									2,52				2,535	mst
														2,50	ss
2,46	st	2,46	st	2,45	st	2,45	m			2,46	ms	2,45	ms	2,46	ms
2,42	ss													2,41	ms
2,39	ss									2,39	ms	2,39	m		
2,38	ss	2,38	ss	2,38	ss									2,376	ms
2,34	ss							2,33	st						
2,28	m	2,28	st	2,28	st	2,285	m			2,28	s				
2,24	s	2,24	m	2,23	m	2,235	s					2,235	ms		
2,22	s														
2,16	ss									2,14	ss	2,14	m		
2,13	m	2,13	mst	2,13	st	2,129	m								
2,10	s									2,08	ss				
2,00	s	2,00	s					1,99	m	2,01	m	1,988	m		
1,98	s	1,98	m			1,981	s					1,940	s		
1,92	ss														
1,89	ss									1,89	s				
1,84	ss									1,83	ss				
1,82	st	1,82	st			1,814	st								
1,70	s									1,72	s				
1,67	s	1,67	m			1,667	m			1,67	s				
1,66	ss	1,66	s					1,66	s			1,647	m		
1,64	s									1,63	ss				
										1,573	ms				
1,54	m	1,54	st	1,54	st	1,539	st			1,552	mst				
1,53	s	1,53	m	1,53	s			1,53}	st						
										1,517	m				
1,51	s	1,50	s	1,50	s			1,50}				1,497	st		
										1,479	ss				
1,45	s	1,45	s	1,45	s	1,447	s								

* G. W. BRINDLEY (1951)
** W. BERDESINSKI (1952)
*** K. JASMUND (1955)

stst = sehr stark
st = stark
m = mittel
ms = mittelschwach
s = schwach
ss = sehr schwach

Tabelle 4

Probe	Quarz	Prokoenenit	Chlorit	Illit	Feldspat
9	+++	++	+	++	+
10	+++	+++	++	++	+
11	+++	+++	++	++	+

+++ viel, ++ mittel, + wenig

enthalten kein Karbonat. Anhydrit liegt in allen Proben neben feinkörniger auch in grobkörniger Ausbildung vor. Nur Probe d zeigt durchgehend Anhydrit mit geringem Korndurchmesser.

Die Korngröße der Quarze erreicht in Probe f ihr Maximum. Idiomorphe Quarze wurden nicht gefunden.

2. Röntgenographische Untersuchungen

Der mittlere tonige Teil des Grauen Salztones (Grauer Salzton im engeren Sinne) wurde hauptsächlich röntgenographisch untersucht. Bei der Bestimmung der Tonminerale stören die im Ton enthaltenen Salze. Letztere sind daher vor der Untersuchung abzutrennen. Die Salzminerale sind bis auf Anhydrit gut in Wasser löslich und können auf diese Weise entfernt werden. Zur Aufbereitung fand eine Zerkleinerung des Salztones in einem Mörser bis zu einer Korngröße von etwa 1 mm statt. 5 g dieses zerkleinerten Materials wurden mit 1000 ml destilliertem Wasser versetzt und mehrere Tage stehengelassen. Von Zeit zu Zeit wurde umgerührt, und die Gesteinsbruchstücke wurden mit einem Glasstab zerdrückt. Nach Dekantieren der klaren Lösung entfernt man den im Wasser schwer löslichen Anhydrit, wie H. NIEMANN (1960) schon beschreibt, indem der Lösungsrückstand mit 10%iger NaCl-Lösung behandelt wird, da Anhydrit in dieser etwa die dreifache Löslichkeit wie in Wasser besitzt. Um das jetzt vorhandene Natriumchlorid zu beseitigen, machte es sich erforderlich, die Proben so lange mit $^1/_{10}$ n NH_4OH-Lösung zu waschen, bis sich eine Suspension bildete.

Aus der Suspension wurden die groben Bestandteile (über 20 μ) absedimentiert und die überstehende Suspension mit den Korngrößen unter 20 μ bei Zimmertemperatur getrocknet. Der so erhaltene Rückstand konnte dann mit dem Röntgengoniometer MÜLLER „Mikro 111" unter Verwendung von $Cu_{K\alpha}$-Strahlung mit Ni-Filter bei 40 kV röntgenographisch untersucht werden. Das Ergebnis zeigt Tab. 3.

Aus der Tab. ersieht man, daß die aufbereiteten Proben vorwiegend aus Quarz, Koenenit, Illit und Chlorit bestehen. Der größte Prozentsatz dürfte Quarz sein, da auch seine relativ schwachen Reflexe im Diagramm stark hervortreten. Die Interferenzen des Koenenits gleichen denen, die W. BERDESINSKI (1952) an Prokoenenitem erhielt. Mit Prokoeneniten bezeichnet W. BERDESINSKI synthetische Produkte, die sich als Vorstufe zu den eigentlichen Koeneniten bilden und sich von diesen nur unwesentlich unterscheiden. Die Koenenite sollen durch längeres Mahlen unter erhöhtem Druck in Prokoenenite umgewandelt werden können.

Die Frage, ob neben dem Chlorit noch Kaolinit vorhanden ist, muß verneint werden, da die Linie bei 3.54 Å relativ schwach und scharf ausgebildet ist. Bei Anwesenheit von Kaolinit, dessen stärkster Reflex bei 3.56 bis 3.57 Å liegt, müßte die Linie bei 3.54 Å verbreitert sein. Ein Mineral der Montmorillonitgruppe oder ein quellfähiger Chlorit kann ebenfalls nicht in den Proben enthalten sein, da der 14-Å-Reflex durch Behandlung des Materials mit Glyzerin seine Lage weder verändert noch in seiner Intensität geschwächt wird. Die sehr schwachen Linien bei 2.75 Å und 2.79 Å könnten von Magnesit bzw. von Siderit herrühren, deren stärkste Interferenzen bei 2.74 Å und 2.79 Å liegen. Zusammenfassend ergibt sich das in Tab. 4 dargestellte Bild.

Vergleicht man den von uns gefundenen Mineralbestand des Grauen Salztones mit den Ergebnissen von H. NIEMANN (1960), so zeigt sich eine gewisse Übereinstimmung. Lediglich der Quarzgehalt wurde von uns größer eingeschätzt, und zusätzlich konnte noch Koenenit sicher nachgewiesen werden. Koenenit wurde von W. BERDESINSKI (1952) aus Aluminium- und Magnesiumhydroxyd in Salzlösungen synthetisch hergestellt. Es bestünde daher die Möglichkeit, daß sich der vorliegende Koenenit durch Einwirkung von Salzlaugen aus Tonmineralen unter Ausscheidung von Quarz bildete. Im gleichen Sinne wurde der Koenenit als semisalinares Produkt von J. LEONHARDT (1951) und J. LEONHARDT & W. BERDESINSKI (1953, S. 24/25) gedeutet.

Von unseren Ergebnissen stärker abweichend sind die Bestimmungen R. KÜHNs (1938). Er fand neben Quarz hauptsächlich Muskovit und Kaolinit. Die Differenzen scheinen in der zu dieser Zeit noch nicht so weit entwickelten Röntgentechnik zu liegen. So konnte R. KÜHN den Kaolinit nur anhand der 7-Å-Linie nachweisen und die zur Unterscheidung von Chlorit so wichtigen 14-Å-Reflexe nicht zur Klärung heranziehen. Auf Grund dieser Umstände wäre es möglich, daß auch in dem von ihm untersuchten Material nicht Kaolinit, sondern Chlorit enthalten war. Der Muskovit konnte seinerzeit ebenfalls nur mit Hilfe weniger Linien identifiziert werden. Der dem Muskovit sehr ähnliche Illit hat gegenüber dem Muskovit weniger und verwaschene Reflexe. Soweit man aus dem von R. KÜHN (1938, S. 19) veröffentlichten DEBYE-SCHERRER-Diagramm ersehen kann, sind die Basislinien verwaschen und die $11\bar{4}$- und 114-Reflexe nicht vorhanden, während der gleichstarke $11\bar{3}$-Reflex deutlich sichtbar ist. Da bei Illit die $11\bar{4}$- und 114-Linien sehr schwach oder gar nicht erscheinen, könnte es sich also auch um Illit handeln.

IV. Chemische und physikalische Untersuchungsergebnisse

Die ausschnittsweise im Dünnschliff bemusterten Proben der unteren und oberen Partie wurden auch auf

Tab. 5. Analysenergebnis der Proben 1—14 aus dem Grauen Salzton, Grube „Marie", 360-m-Sohle, Fluchtstrecke

Probe	1	2	3	4	5	6	7	8	12	13	14
H_2O^-	1,4	2,0	2,5	1,8	0,9	0,3	2,1	3,5	1,6	3,5	3,1
SiO_2	9,2	13,8	16,2	8,9	16,0	3,8	8,1	18,3	12,6	11,6	15,5
Fe_2O_3	0,1	0,5	0,5	0,1	0,1	0,0	0,1	0,6	1,2	0,9	1,1
Al_2O_3	1,7	4,3	4,8	3,0	1,4	1,0	2,9	6,1	4,0	6,8	5,8
CaO	34,3	27,3	24,6	31,8	32,1	38,7	33,2	22,3	4,9	6,5	3,0
MgO	2,3	5,4	6,2	4,2	1,8	0,7	2,9	7,6	32,0	29,0	31,1
Na_2O*)	0,4	1,6	1,6	0,8	0,3	0,2	0,7	1,3	0,4	1,0	0,8
K_2O*)	0,1	0,1	0,1	0,1	0,1	0,0	0,1	0,1	0,1	0,4	0,1
CO_2	1,1	0,7	2,2	0,9	0,8	2,2	0,8	4,5	34,1	29,5	32,1
SO_3**)	47,4	36,0	32,9	43,0	44,0	52,1	45,1	29,7	6,1	6,2	2,2
Cl^-	1,9	5,7	6,2	3,6	1,4	0,7	2,9	5,0	1,7	4,7	3,5

*) wäßriger Auszug
**) salzsaurer Auszug
Die Proben 9—11 wurden nicht chemisch untersucht.

Tab. 6. Analysenergebnis der Proben a—g aus dem Grauen Salzton, Grube Bartensleben, 3. Sohle, Ostquerschlag

Probe	a	b	c	d	e	f	g
H_2O^-	3,8	1,2	3,2	2,4	0,9	1,0	2,0
SiO_2	12,0	9,6	23,6	20,1	19,0	7,3	13,0
Al_2O_3	4,0	2,7	10,5	7,5	12,5	4,8	12,9
Fe_2O_3	0,2	0,4	1,3	1,2	1,0	1,3	1,7
CaO	27,2	33,5	20,8	24,2	3,0	13,8	9,2
MgO	5,8	2,1	5,4	3,2	26,1	25,6	21,1
Na_2O*)	0,4	0,3	0,4	0,3	2,8	0,3	0.4
K_2O*)	0,1	0,0	0,1	0,1	1,2	0,1	0,1
CO_2	1,9	1,2	1,3	0,8	26,5	23,6	26,7
SO_3**)	40,2	45,4	27,4	32,3	2,4	17,1	10,9
Cl^-	1,7	1,2	2,2	1,6	6,2	1,5	1,7

*) wäßriger Auszug
**) salzsaurer Auszug

ihre chemische Zusammensetzung hin untersucht[3]). Die Analysenergebnisse, die in den Tab. 5 und 6 angeführt sind, bestätigen einwandfrei die feinstratigraphischen und mineralogisch-petrographischen Resultate. Die in diesem Rahmen bedeutsamen Werte für SiO_2, Al_2O_3, CaO, MgO, CO_2 und SO_3 wurden in den Abb. 2 und 3 graphisch dargestellt.

Die abgerundeten Mittelwerte für $CaSO_4$ und $MgCO_3$ zeigt Tab. 7. Die sich bei der Aufrechnung der Ergebnisse aus Tab. 5 und 6 ergebenden mittleren Gehalte sind aus Tab. 8 ersichtlich.

Obwohl die auf Minerale umgerechneten mittleren Gehalte Unterschiede von über 10% zwischen Bartensleben und „Marie" aufweisen können, steht dennoch außer Zweifel, daß es sich bei der oberen Partie des Grauen Salztones um einen schwach anhydritischen bis anhydritischen Magnesit handelt, die untere Partie hingegen von einem höchstens sehr schwach karbonatischen Anhydrit gebildet wird.

Die Werte für SiO_2 und Al_2O_3 lassen eindeutige Gesetzmäßigkeiten wie etwa steigende Tendenz der Gehalte in Richtung auf die tonige Partie bei einem Vergleich der Abb. 2 und 3 nicht erkennen.

In einer Probe aus dem tonigen Teil des Grauen Salztones wurde der Enslinwert für Wasser zu 65% und für gesättigte $MgCl_2$-Lösung zu 36% nach jeweils 2 Stunden bestimmt (Abb. 9)[4]). Dieser für einen Ton relativ niedrige Wert findet seine Erklärung in dem hohen Salzgehalt und in den wenig plastischen Tonmineralen Chlorit und Illit, die den Salzton bilden. So ist der gesamte Salzton relativ wenig plastisch und wasseraufnahmefähig. Gesättigte $MgCl_2$-Lösung wird durch die höhere Dichte etwas langsamer und in geringerem Maße aufgenommen.

V. Schlußbemerkungen

Die bekannte Gliederung des Grauen Salztones in einen

oberen karbonatischen Teil,
mittleren tonigen Teil,
unteren anhydritischen Teil

ist im Sedimentationsraum des germanischen Zechsteinbeckens weit verbreitet.

Eigenartigerweise schien das Gebiet des oberen Allertales eine fazielle Sonderstellung einzunehmen. Nach Angaben von K. BECK (1911), W. ZWANZIG (1928) und E. KRZYWICKI (1949) sollen die obere Partie des Grauen Salztones anhydritisch und die untere Partie karbonatisch ausgebildet sein.

Da die fazielle Entwicklung der salinaren Sedimente des Zechsteins nicht zuletzt in Hinblick auf die Ausbildung der Kalisalzlager besonderes Interesse beansprucht, bedurfte die Frage einer Klärung.

Zu diesem Zweck wurden in den befahrbaren Gruben „Marie" und Bartensleben im Bereich relativ ruhiger Lagerungsverhältnisse zwei Normalprofile des Grauen Salztones aufgenommen und mineralogisch-petrographisch sowie chemisch untersucht.

Bereits die feinstratigraphische Aufnahme der Profile ergab, daß die Gliederung des Grauen Salztones auf Bartensleben und „Marie" keineswegs von der allgemein verbreiteten Dreiteilung und ihrer Normalabfolge abweicht. Diese Feststellung wurde durch die ergänzenden Untersuchungen[5]) erhärtet und vertieft:

Im oberen Teil des Grauen Salztones ist nach den kristalloptischen Befunden ein hoher Magnesitgehalt festzustellen, während Anhydrit nur untergeordnet vorliegt. Der Anhydrit wird durch Magnesit verdrängt. Im Einklang damit stehen die Resultate der chemischen

Tab. 7. Mittelwerte für $CaSO_4$ und $MgCO_3$

	$CaSO_4$		$MgCO_3$	
	Bartensleben	„Marie"	Bartensleben	„Marie"
obere Partie	17%	8%	47%	59%
untere Partie	62%	70%	2%	1%

Analyse, die aufgerechnet mittlere Gehalte von 47—59% $MgCO_3$ und 8—17% $CaSO_4$ ergeben.

Der mittlere tonige Teil besteht nach röntgenographischen Untersuchungen vorwiegend aus Quarz, Koenenit, Illit, Chlorit und etwas Feldspat. Das semisalinare Mineral Koenenit bildete sich vermutlich durch die Einwirkung von Salzlaugen auf Tonminerale unter Ausscheidung von Quarz. Auf alle Fälle konnten neben klastischen Quarzen idiomorphe, offensichtlich authigene Quarzkristalle gefunden werden. Daneben treten feinverteilter Anhydrit, etwas Karbonat und dünnschichtige anhydritisch-magnesitische Einlagerungen auf. Verdrängungserscheinungen von Anhydrit durch Magnesit lassen sich bereits in dieser Partie nachweisen. Als Ausfüllung verzweigter Risse und Klüfte, aber auch in Schmitzen, Butzen und Nestern finden sich hauptsächlich Steinsalz, Sylvin, Carnallit, Kieserit und Anhydrit.

Der untere anhydritische Teil zeigt hauptsächlich Anhydrit. Die rechtwinkligen Formen vereinzelter idiomorpher Steinsalzkristalle werden mit Annäherung

Tabelle 8. Mittlere Gehalte

	CaO		SO_3		MgO		CO_2	
	Bartensleben %	„Marie" %	Bartensleben %	„Marie" %	Bartensleben %	„Marie" %	Bartensleben %	„Marie" %
obere Partie	9	5	10	5	24	31	26	32
untere Partie	26	31	36	41	4	4	1	2

[3]) Die Analysen wurden im Chemischen Laboratorium des Geologischen Dienstes Halle ausgeführt.

[4]) Die Bestimmung der Enslinwerte erfolgte im Erdbaulabor der Staatlichen Geologischen Kommission, Berlin.

[5]) Derartige petrographische Untersuchungen wurden etwa zur gleichen Zeit von R. LANGBEIN (1960) durchgeführt. Auch diese Bearbeitung bestätigt den von uns ermittelten Aufbau.

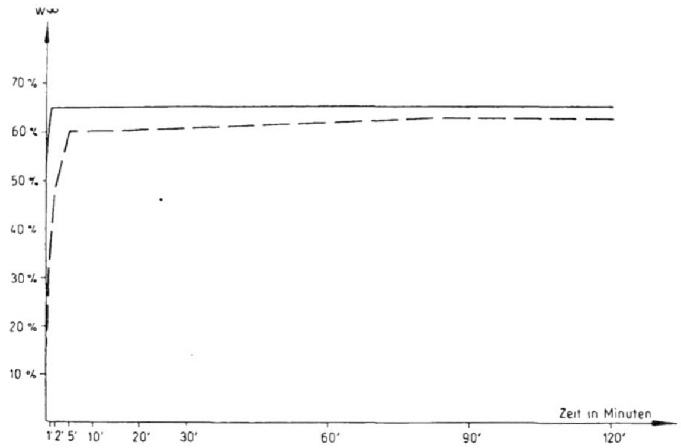

Abb. 9. Enslinwerte einer Probe der tonigen Partie des Grauen Salztones
Grube „Marie", 360-m-Sohle, Fluchtstrecke

——— Enslinwert für Wasser 65% (nach 2^h), – – – Enslinwert für gesättigte $MgCl_2$-Lösung (ca. 75%) 63% (nach 2^h)

an die tonige Partie in zunehmendem Maße von tonigem Material eingenommen. Die Aufrechnung der chemischen Analysen weist mittlere Gehalte von 62—70% $CaSO_4$ und 1—2% $MgCO_3$ aus.

Nach den vorliegenden Untersuchungsergebnissen bleibt die allgemein bekannte, über große Teile des deutschen marinen Zechsteins verbreitete Dreigliederung des Grauen Salztones auch für den Bereich der Gruben Bartensleben und „Marie" gewahrt. Eine stark abweichende Sonderausbildung des Grauen Salztones durch fazielle Differenzierung konnte nicht bestätigt werden. Dieser Befund dürfte sich auf Grund der geringen Entfernungen zu den Nachbargruben Wefensleben-Belsdorf sowie Walbeck und Grasleben mit großer Wahrscheinlichkeit für das gesamte obere Allertal als zutreffend erweisen.

Zusammenfassung

Die fazielle Entwicklung der Zechsteinschichten ist von besonderem Interesse, da zwischen der Ausbildung der Kalisalzlager und ihrer liegenden und hangenden Sedimente Zusammenhänge bestehen.

Der über dem Flöz Staßfurt auftretende Graue Salzton läßt sich in einen oberen karbonatischen Teil, mittleren tonigen Teil und unteren anhydritischen Teil gliedern. Diese bekannte Dreiteilung ist im germanischen Zechsteinbecken weit verbreitet. Entgegen der bisherigen Annahme konnte eine sehr stark abweichende Sonderausbildung des Grauen Salztones in den befahrbaren Gruben des oberen Allertales nicht festgestellt werden. Wie die in diesem Gebiet durchgeführten Untersuchungen am Grauen Salzton zeigen, handelt es sich bei der oberen Partie um einen tondurchstäubten Magnesit, der meist nur schwach anhydritisch ist. Der mittlere tonige Abschnitt setzt sich vorwiegend aus Quarz, Koenenit, Illit und Chlorit zusammen. Die untere Partie wird von einem höchstens sehr schwach karbonatischen Anhydrit mit tonigen Lamellen und Lagen gebildet.

Mineralneubildungen und Verdrängungserscheinungen geben genetische Hinweise.

Резюме

Фациальное развитие цехштейнских отложений представляет особенный интерес, так как существуют связи между развитием залежей калийных солей и их покрывающими и подстилающими осадками.

Встречающуюся над пластом „Штасфурт" серую соляную глину можно расчленять на верхнюю карбонатную часть, среднюю глинистую часть и нижнюю ангидритовую часть. Это известное разделение на три части пользуется широким распространением в Германском цехштейнском бассейне. В противоположность существующему до сих пор предположению, не удалось установить сильно отклоняющееся частное развитие серой соляной глины в доступных шахтах верхней долины р. Аллер. Проведенные в этом районе на серой соляной глине исследования показали, что верхний участок представляет собой распыленный глиной магнезит, в большинстве случаев со слабым содержанием ангидрита. Средний глинистый участок сложен преимущественно из кварца, кенепита, иллита и хлорита. Нижний участок состоит из ангидрита, охарактеризованного, в крайнем случае, очень слабой долей карбоната, с глинистыми ламелями и прослойками. Новообразования минералов и явления замещения дают указания на происхождение.

Summary

The evolution of the facies of Zechstein strata is of special interest with a view to connections existing between the formation of potash deposits and their underlying and overlying sediments.

Grey Salt Clay found above the Staßfurt seam can be divided into an upper carbonated part, middle clayey part and lower anhydritic part. This well-known tripartition is widely spread in the German Zechstein basin. Contrary to views supposed so far it was not possible to prove a special structure differing rather considerably of the Grey Salt Clay in workable mines of the upper Aller valley. As was shown by investigations of the Grey Salt Clay carried out in this area, the upper part is concerned with a generally only weakly anhydritic magnesite powdered with clay. The middle clayey part is chiefly composed of quartz, koenenite, illite and chlorite. The lower part is formed by a very weakly carbonated anhydrite, if any, showing clayey lamellae and layers.

Genetic indications are given by new formations of minerals and processes of alteration.

Literatur

BECK, K.: Petrographisch-geologische Untersuchung des Salzgebirges an der oberen Aller im Vergleich mit dem Staßfurter und Hannoverschen Lagerstättentypus. – Z. prakt. Geol., **19**, 289–308, Berlin 1911.

BERDESINSKI, W.: Über die Synthese aluminiumreicher Koenenite. – N. Jb. Min., Abh., **84**, 147–188, Stuttgart 1952.

BILTZ, W. & E. MARCUS: Über die chemische Zusammensetzung der Staßfurter Salztone. – Z. anorg. Chem., **68**, 91–101, Hamburg 1910.

BRINDLEY, G. W.: X-ray identification and crystal structures of the clay minerals. – London 1951.

BRUNHÖVER, K.: Die petrographische und chemische Beschaffenheit der Kalisalzlagerstätte Krügershall zu Teutschenthal. – Diss., Halle 1916.

ENGEL, F.: Beitrag zur chemisch-petrographischen Kenntnis der Kalisalzlagerstätte von Salzdetfurth. – Leipzig 1913.

FÜCHTBAUER, H. & H. GOLDSCHMIDT: Die Tonminerale der Zechsteinformation. – Beitr. Mineral. Petrogr., **6**, 320–345, Göttingen 1959.

JASMUND, K.: Die silicatischen Tonminerale. – Verlag Chemie, Weinheim/Bergstr. 1955.

KRZYWICKI, E.: Erläuternder Bericht zur geologischen Aufnahme des Salzbergwerkes „Marie" bei Beendorf, Krs. Haldensleben. – Unveröff., Archiv VEB Geol. Erkundung West, Halle 1947.

– Die Geologie des Kali- und Salzbergwerkes „Bartensleben/Allertal". – Unveröff., Archiv VEB Geol. Erkundung West, 1949.

KÜHN, R.: Über den Mineralgehalt der Salztone. – Schriften aus d. Min-Petr. Inst. d. Univ. Kiel, Kiel 1938.

– Zur Kenntnis des Koenenits. – N. Jb. Min., Abh., S. 1–16, Stuttgart 1950.

LANGBEIN, R.: Bericht Nr. 59/60 über Dünnschliffuntersuchungen an Gesteinen des Grauen Salztones aus dem Steinsalzbergwerk „Marie" bei Beendorf. – Unveröff., Archiv VEB Geol. Erkundung West, Außenstelle, Jena 1960.

LEONHARDT, J.: Diskussionsbemerkung zum Vortrag v. R. KÜHN auf der Min. Tagung 1950 über Koenenit. – Fortschr. Min., **29**, 9f., Berlin 1951.

LEONHARDT, J. & W. BERDESINSKI: Semisalinare (assimilierte) Mineralkomponenten der Salzlagerstätten. – Chemie d. Erde, **16**, 22–26, Jena 1953.

LOTZE, F.: Steinsalz und Kalisalze. – In STUTZER, O.: Die wichtigsten Lagerstätten der Nichterze, **3**, Berlin 1938.

NIEMANN, H.: Untersuchungen am Grauen Salzton der Grube „Königshall-Hindenburg", Reyershausen bei Göttingen. – Beitr. Min. u. Petr., **7**, 137–165, Berlin–Göttingen–Heidelberg 1960.

PRECHT, H.: Über Vorkommen und Verarbeitung von Salzton aus dem Staßfurter Lager. – Chem. Ztg., **6**, 197–198, 1882.

REIDEMEISTER, C.: Über Salztone und Plattendolomite im Bereiche der norddeutschen Kalisalzlagerstätten. – Z. Kali, **6**, 226–234, 295–302, Halle 1912.

ZWANZIG, W.: Die Zechsteinsalzlagerstätte im oberen Allertale bei Wefensleben-Belsdorf. – Z. Kali, **22**, 45–49, 62–66, 76–79, 92–94, 113–115, Halle 1928.

Versuch einer Gliederung des Territoriums der UdSSR in metallogenetische Provinzen[1]

(Teil I)

W. I. SMIRNOW, Moskau

Über die allgemeinen Prinzipien bei der Gliederung in metallogenetische Provinzen

Die Untergliederung des langanhaltenden Prozesses der Erzbildung basiert auf der Vorstellung von den Vererzungsepochen und ihren Stadien. Von dieser Vorstellung ausgehend, kann man bei der Einteilung des Gebietes der UdSSR in metallogenetische Erzprovinzen das Prinzip der Begrenzung von Erzlagerstätten bestimmter Epochen zugrunde legen. Auf dem Territorium der UdSSR sind sechs metallogenetische Epochen mit unterschiedlicher Intensität der Vererzung ausgeprägt: die alpidische, mesozoische, herzynische, kaledonische, proterozoische und die archäozoische (oder archäozoischen).

Bekanntlich wurde vorgeschlagen, jede Epoche in drei Stadien der endogenen Vererzung einzuteilen. Diese Stadien entsprechen den Etappen der Umwandlung einer Geosynklinale in eine Tafel. Im ersten Stadium vor der Faltung entstehen die Ultrabasite, Basite und ihre sauren und basischen Differentiate, und in Zusammenhang damit entstehen magmatische und Skarnlagerstätten von Fe, Ti, Cr, den Metallen der Platingruppe, Cu und Ni. Das zweite Stadium fällt zeitlich mit der Periode der Hauptfaltung und der unmittelbar anschließenden Periode zusammen. In dieser Zeit dringen die granitoidischen Massen als Batholithe ein, und es kommt zur Bildung von Skarnen, Pegmatiten, Greisen und hydrothermalen Vererzungen von Bunt-, Edel- und seltenen Metallen. Im dritten Stadium, im Übergang zu Tafelverhältnissen, dringen kleine Intrusionen ein, mit denen paragenetische hydrothermale Lagerstätten radioaktiver, seltener und Buntmetalle zusammenhängen.

Wie die Analyse der Erzführung in den Provinzen der UdSSR zeigt, bildeten sich nicht in allen drei Stadien der Faltungsgebiete wirtschaftlich nutzbare Lagerstätten. Es gibt Provinzen mit klar ausgeprägten Vererzungen des frühen und mittleren Stadiums, Lagerstätten des letzten Stadiums fehlen jedoch. Zu diesen Provinzen gehört der Ural. Andererseits sind Provinzen bekannt, in denen in den letzten beiden Stadien Vererzungen auftreten, im ersten Stadium aber kaum oder praktisch keine Vererzungen vorhanden sind. Zu diesem Typ gehören außer dem Ural alle Provinzen der UdSSR. Daraus folgert man, daß alle erzführenden Provinzen durch zwei Stadien charakterisiert werden. Die Provinzen untergliedert man in zwei Typen:

1. Provinzen mit Vererzungen vor und während der Faltung.
2. Provinzen mit Vererzungen während der Faltung und dem anschließenden Stadium.

Es sei hier nochmals betont, daß in diesem Fall nicht von der Vererzung allgemein, sondern nur von einer bauwürdigen Vererzung die Rede ist.

Innerhalb des Territoriums der Erzprovinzen kann man die Verbreitungsareale der Gesteinsformationen und die mit diesen Gesteinen in Verbindung stehenden Lagerstätten des frühen und mittleren Stadiums festlegen. Die räumliche Verbreitung der Lagerstätten des Spätstadiums fällt meist mit den Räumen der beiden ersten Stadien zusammen, und es ist gewöhnlich nicht möglich, dieses Gebiet getrennt abzugrenzen. Daher ist eine Unterteilung der Flächen der Provinzen der zu dieser oder jener metallogenetischen Epoche gehörenden Stadien nur für den Ural möglich, d. h. für Provinzen des 1. Typs. Wichtig für die Einteilung des Territoriums der Erzprovinzen ist das Erkennen von synchronen oder annähernd gleichzeitigen Bildungen in der Entwicklungsgeschichte, die aber eine unterschiedliche Lage in der geosynklinalen Struktur einnehmen. Zu diesen Teilen gehören einerseits der Trog der Geosynklinale, wo sich dann später die zentrale Erhebung bildet, andererseits der Teil, der die Peripherie der Geosynklinale einschließt (Schelf). In den Bereich der Peripherie dringen die weniger sauren Granitoide des mittleren Stadiums ein, und es bilden sich Skarn- und hydrothermale Lagerstätten. Es handelt sich vorwiegend um sulfidische Lagerstätten. In die zentrale Erhebung intrudieren saure und extrem saure Granitoide, mit denen Skarne, Pegmatite, Greisen und Quarzgänge zusammenhängen. Diese Lagerstätten führen Sn-, Mo-, W-, Be- und Li-Vererzungen. Es kann sich also innerhalb eines Stadiums, jedoch an verschiedenen Teilen der Geosynklinale, ein Gürtel prinzipiell verschiedener Lagerstätten bilden. Diese Tatsache wurde bei der Beschreibung der Erzprovinzen des östlichen Transbaikaliens und des Altais berücksichtigt.

Für die Lagerstätten des mittleren und letzten Stadiums spielt bei der Einteilung einer Provinz in Erzgebiete nicht nur die Ermittlung der aufeinanderfolgenden Gesteinskomplexe die Hauptrolle, sondern auch die Bestimmung der Zonen verschiedener Mobilität:

1. Stabile Zonen
2. Zonen länger anhaltender Depressionen
3. Zonen mit anhaltenden Hebungen

Es bilden sich also Zonen, die durch große Störungen, die häufig bis in große Tiefen reichen, voneinander getrennt sind. Diese Störungen nehmen eine erstrangige Stellung bei der Einteilung innerhalb metallogenetischer Provinzen in vererzte Gebiete ein.

Diese Prinzipien der metallogenetischen Einteilung können bei der Anfertigung der Karten von Vererzungen einzelner Provinzen angewendet werden. Für die Gliederung des Gebietes der UdSSR ist es richtig, zuerst die Gebiete der Verbreitung von Lagerstätten bestimmter metallogenetischer Epochen festzulegen.

Prinzipien der Gliederung von Erzprovinzen in der UdSSR

Die Verbreitung von Erzprovinzen auf dem Territorium der UdSSR wird flächenmäßig durch Lagerstätten bestimmter Epochen charakterisiert. Das schließt nicht aus, Übersichtskarten der einzelnen Erzformationen, Lagerstätten, einzelner Metalle oder ganzer

[1]) Aus: „Iswestija Akademii Nauk SSSR", Geol. Serie, Nr. 4, 1959. – Übers.: W. OESTREICH

Gruppen zu schaffen sowie auch eine Einteilung nach dem Prinzip der Verbreitung verschiedener Geosynklinalen und Tafeln.

Die endogene Vererzung einer folgenden metallogenetischen Epoche ist immer epigenetisch im Verhältnis zur Vererzung der vorangegangenen Epoche und kann, räumlich gesehen, dieselben Abmessungen haben wie das Gebiet, auf dem sich schon in früheren Epochen Lagerstätten bildeten. Es bilden sich dabei Zonen mit Lagerstätten verschiedenen Alters. Es ist daher richtig, die Erzprovinzen nach der Verbreitung der Lagerstätten der letzten Vererzungsepochen festzulegen. In diesem Fall liegen innerhalb dieser Umrisse die älteren und jüngeren Vererzungszonen. Die Umrisse der jüngeren Vererzungszonen werden getrennt festgelegt. Flächen mit Verbreitung junger Vererzung, alte Tafeln überlagernd, sind getrennt festzulegen. Das Schema der metallogenetischen Gliederung des Gebietes der UdSSR nach diesem Prinzip wurde bereits in Bd. 6 (1960), H. 2, S. 50, veröffentlicht.

Läßt man sich davon leiten, so kann man die Erzprovinzen der alpidischen, mesozoischen, herzynischen, kaledonischen und proterozoischen Epoche festlegen. Es sei noch bemerkt, daß die Umrisse dieser Provinzen nicht völlig mit den Umrissen der Faltenzonen zusammenfallen, die altersmäßig auf der ausgezeichneten tektonischen Karte der UdSSR dargestellt sind. Diese Karte ist im Maßstab 1:5000000 von N. S. SCHATSKI, A. A. BOGDANOW, N. A. BELJAJEWSKI, M. W. MURATOW u. a. geschaffen worden. Daß diese beiden Umrisse nicht völlig übereinstimmen, hat darin seinen Grund, daß bestimmte Teile wichtiger endogener Lagerstätten auf großen Flächen der Erzprovinzen liegen, die teils postorogen vererzt sind, andererseits auch erst in einer anschließenden Epoche Vererzungen aufweisen (z. B. im zentralen Teil von Kasachstan, im mittleren Teil von Mittelasien, im Fernen Nordosten usw.). Die tektonische Karte kann, abgesehen von kleinen Veränderungen, als Grundlage für die metallogenetische Gliederung des Territoriums der UdSSR benutzt werden.

Unter Berücksichtigung der Räume mit endogener Vererzung in der UdSSR kann man folgende Provinzen festlegen:

I. Die alpidischen Provinzen
   1. Ferner Nordosten
   2. Kaukasus
   3. Karpaten
   4. Kopet-Dag
   Die schmale Zone der alpidischen Vererzung des Fernen Ostens ist vorteilhafter zusammen mit der mesozoischen Provinz des Küstengebietes von Transbaikalien zu charakterisieren.

II. Die mesozoische Provinz
   1. Das Küstengebiet von Transbaikalien (Mongolisch-Ochotskischer Gürtel mit den Verzweigungen an der Küste)

III. Die herzynischen Provinzen
   1. Ural
   2. Kasachstan
   3. Mittelasien
   Zu diesen Provinzen gehören auch der Donbass, Nowaja Semlja, Südtaimyr, die Tomsk-Koliwanische Zone.

IV. Die kaledonischen Provinzen
   1. Altai-Sajan-Gebiet
   2. Der nördliche Teil von Taimyr

V. Die proterozoischen Provinzen
   1. Südlicher Teil der Sibirischen Tafel
   2. Baltischer Schild
   3. Ukrainischer Schild

Flächen, auf denen ausnahmslos Lagerstätten der letzten metallogenetischen Epoche verbreitet sind, fallen mit den Gesteinskomplexen der entsprechenden geologischen Zyklen zusammen. Dort aber, wo im Bereich der gefalteten Zone Gesteinskomplexe vorangegangener geologischer Zyklen liegen, überdeckt die jüngere Vererzung die Zone älterer Lagerstätten. In solchen Fällen entstehen Flächen mit polyzyklischer Vererzung. Auf dem Gebiet der UdSSR überdecken alle Erzprovinzen ganze Faltungsgebiete oder den größten Teil derselben und werden als polyzyklisch bezeichnet. Wenn man nur die entscheidende Epoche der Vererzung berücksichtigt, kann man bi- und trizyklische Provinzen festlegen. Zu den bizyklischen Provinzen gehören: der Ferne Osten (mit Lagerstätten der mesozoischen und alpidischen Epoche), das Küstengebiet von Transbaikalien (mit Lagerstätten der herzynischen und alpidischen Epoche), Kasachstan, Mittelasien und der Ural (mit Lagerstätten der kaledonischen und herzynischen Epoche), Altai-Sajan (mit Lagerstätten der proterozoischen und kaledonischen Epoche). Zu den trizyklischen Provinzen gehören: der Kaukasus (mit Lagerstätten der herzynischen, mesozoischen und alpidischen Epoche) und auch Erzprovinzen von Schilden der Russischen und Sibirischen Tafel. Im Bereich des Baltischen Schildes sind große Lagerstätten der archaischen, proterozoischen und herzynischen Epoche bekannt. Im südlichen Teil der Sibirischen Tafel, auf dem Aldanischen Schild, findet man Lagerstätten der archaischen, proterozoischen und mesozoischen Epoche.

Berücksichtigt man auch die weniger intensiven Vererzungen, so vergrößert sich die Anzahl der Epochen für fast alle angeführten Provinzen. Als Beispiel sei hier der Kaukasus angeführt, wo man kleine Vererzungen der kaledonischen Epoche noch anführen kann. In Kasachstan findet man neben den erwähnten Epochen noch Vererzungen der proterozoischen Epoche usw. Für das erste Schema der regionalen Einteilung des Gebietes in metallogenetische Provinzen werden sie zunächst nicht berücksichtigt.

Das Verhältnis zwischen dem vorangehenden gefalteten Komplex und den damit verbundenen Intrusionen mit ihren Lagerstättenbildungen und auch den geologischen Bildungen folgender Zyklen kann verschieden sein.

Es kann sich erstens auf dem tektonisch gegliederten Teil des gefalteten Gebietes mit vorangegangenen Entwicklungszyklen ein neues junges Geosynklinalsystem bilden (z. B. die mesozoische Geosynklinale des Mongolisch-Ochotskischen Gürtels, die sich im herzynisch gefalteten Gebiet entwickelte). Zweitens kann sich das geosynklinale Regime des vorangegangenen Zyklus als nichtvollendete Faltung im folgenden Zyklus fortsetzen (z. B. Saissaner herzynische Geosynklinale im östlichen Kasachstan usw.). Drittens können die Faltenstrukturen und intrusiven Komplexe mit ihren Lagerstätten vorangegangener Zyklen durch tektonische Deformationen späterer Zyklen überprägt werden unter Beibehaltung des Tafelregimes oder des Tafelüberganges (z. B. Werchojansk—Tschuktschisches Faltengebiet des Fernen Nordostens im alpidischen Zyklus). Die Frage der Verhältnisse nacheinanderfolgender Faltungen ist kompliziert, und wir sind hier nicht in der Lage, sie im einzelnen zu betrachten. Für uns ist es im gegebenen Fall wichtig, zu betonen, daß es in den einzelnen Provinzen im Bereich der Lagerstätten zu einer Überlagerung einiger geologischer Zyklen kam.

Die Haupterzprovinzen

Alpidische Provinzen

Der Ferne Nordosten. Auf den tektonischen Karten der UdSSR erkennt man die mesozoische Faltenstruktur von Werchojansk-Kolyma und die alpidische Faltenstruktur in Korjaksh-Kamtschatka. Vom Zeitpunkt der endogenen Erzlagerstättenbildung ausgehend, mußte man diese Provinz zum Verbreitungsgebiet der alpidischen Vererzungen zählen, welche die mesozoischen Vererzungen in ihrem westlichen Teil überdeckt. Dieses Gebiet gehört zu einer bizyklischen metallogenetischen Provinz, in der Lagerstätten der mesozoischen und alpidischen Epoche verbreitet sind. Der mesozoische Zyklus der geologischen Entwicklung dieses Gebietes zeichnet sich durch das Fehlen von Erzlagerstätten des Frühstadiums aus. Die Erzlagerstätten entstanden mit den granitischen Intrusionen im mittleren und späten Stadium. Im mittleren Stadium dieses Prozesses kam es im oberen Jura zu Faltungen. Es bildeten sich zwei Intrusivkomplexe, die sogenannten Kleinintrusionen mit Quarz-Albit-Zusammensetzung und der batholithische Komplex der Granitintrusionen. Mit den Kleinintrusionen stehen die bekannten Goldvererzungen des NE im Zusammenhang, während mit den Batholithen die bekannten Zinn-, Wolfram- und Molybdänlagerstätten auftreten. Beachtlich sind auch die As–Pb–Zn-Vererzungen. Der alpidische Zyklus gliedert sich nicht in die klassischen Stadien der Geosynklinalgeschichte. Man kann aber innerhalb dieses Zyklus drei Intrusionsetappen feststellen:

1. Granodiorite vom ochotskischen Typ, Bildungszeit: Oberkreide.
2. Der Aljatsk-Omsuktschaner Komplex der Oberkreide und des Paläozäns.
3. Kleinintrusionen hauptsächlich granodioritischer Zusammensetzung des Miozäns (W. T. MATWEJENKO u. a. 1958).

In der ersten Etappe entstanden die Mo-Lagerstätten. In der zweiten Etappe bildeten sich die Sn-W- und polymetallischen Lagerstätten, und in der dritten Etappe findet man Hg-Lagerstätten.

Infolge der völligen oder teilweisen Überlagerung des Gebietes durch fünf Intrusionskomplexe und die mit ihnen verbundenen Lagerstätten kann man keine regionale Verbreitung auf dem Territorium des NE festlegen. Auf Grund der vorherrschenden Ausprägung von Lagerstätten bestimmter Metalle kann man das Gebiet in vier Zonen gliedern. Die östliche Jano-Indigirsk-Kolyma-Zone führt hauptsächlich Gold- und Zinnvererzungen. Die Erzführung der nördlichen Zone wird durch sporadisch auftretende Zinnerzfelder bestimmt. Längs des Ochotsk-Tschaunskischen vulkanogenen Gürtels liegen in einem breiten Streifen Mo-Vererzungen. Mit dem Korjaksh-Kamtschatka-Faltengebiet fällt die Hg-Vererzung zusammen.

Kaukasus. Auf dem Territorium des Großen und Kleinen Kaukasus sind endogene Lagerstätten der kaledonischen, herzynischen, mesozoischen und alpidischen Epoche bekannt (G. D. AFANASJEW 1958 und G. A. TWALTSCHRELIDSE 1957).

Kaledonische Vererzungen liegen im westlichen Teil des Vor- und Hauptgebirgszuges des Großen Kaukasus sowie auch im Kleinen Kaukasus. Mit dem frühen Magmatismus des kaledonischen Zyklus hängen Kupferkies- und kleinere Chrom- und Nickellagerstätten zusammen. Zu den folgenden Granitgneisen gehören einzelne Pegmatite und hochthermale Quarzgänge mit Zinnstein, Molybdänglanz, Scheelit, Arsenkies und Gold.

Mit den hauptsächlichsten Effusiva und Intrusiva des herzynischen Zyklus stehen wiederum Kupferkieslagerstätten in Verbindung. Ebenfalls trifft man Titanomagnetit-, Chrom- und Nickelvererzungen. Mit den Graniten der herzynischen Hauptphase stehen unbedeutende Pegmatite, Greisen und hochthermale Quarz- und Quarz-Turmalin-Gänge mit Zinnstein, Scheelit, Molybdänglanz und Arsenkies in Verbindung. Mit den abschließenden kleinen Granitporphyr- und Keratophyrintrusionen assoziierten die Pb-Zn-Lagerstätten des westlichen Teiles des Nordhanges des Großen Kaukasus.

Weit verbreitet ist die endogene Vererzung des mesozoischen Zyklus. Mit den Keratophyr- und Spilit-Keratophyrgesteinen des Lias sind im Kleinen Kaukasus und in Transkaukasien Kieslagerstätten verbunden (Schiragidzow, Kedabek, Laura usw.). Zu dieser Periode zählen auch die spezifischen Bildungen der Kupfer-Magnetkies-Vererzungen längs der Diabasgesteinsgänge im Großen Kaukasus. Außerdem sind noch geringe Vererzungen von Titanomagnetit und Chromit im Gabbro des Unteren und Oberen Swaneti bekannt. Mit den Granitintrusionen des mittleren Stadiums entstand die Skarnlagerstätte von Tyrny-Aus mit Scheelit und Molybdänglanz. Zum Schluß treten im abschließenden Stadium mit den Kleinintrusionen von Granodioriten, Keratophyren und Albitophyren polymetallische Vererzungen der Sadon-Unalski-Gruppe auf, weiterhin Baryt von Transkaukasien, wie auch die Cu- und polymetallischen Lagerstätten von Damblud und Kafan.

Das Hauptgewicht der endogenen Vererzung des alpidischen Zyklus lag im Kleinen Kaukasus, unabhängig davon, daß auch Lagerstätten im Nordkaukasus bekannt sind. Im vulkanogenen Komplex des ersten Stadiums dieses Zyklus (Oberkreide) sind eine Reihe von Schwefel- und Kupferkieslagerstätten der Somchitsko-Kafanischen Zone bekannt (Schamlug, Madneuli und andere). Zu den anschließenden Quarzdioriten, Granodioriten und Syenitdioriten der präcenomanmagmatischen Serie gehören die seltenen Skarnlagerstätten mit Fe- und Co-Erzen. Ebenfalls gehören dazu die Co-Mo- und Mo-Lagerstätten der Mischano-Sangesur-Zone. Im Zusammenhang mit den späteren tertiären Kleinintrusionen von Granodioriten, Daziten, Albitophyren und anderen Gesteinen sind im Kaukasus hydrothermale Pb-, Zn-, Sb-Hg-, Au-, As- (einfache Sulfide) und Tl-Vererzungen bekannt.

Regionale Gesetzmäßigkeiten der endogenen Vererzung sind für viele Gebiete des Kaukasus und für die gesamte Provinz festgestellt worden. Schematisch betrachtet, ergibt sich folgendes Bild: An der Nord- und Südabdachung des Großen Kaukasus herrschen die polymetallischen Erzlagerstätten verschiedenen Alters vor. Im zentralen Teil konzentrieren sich Lagerstätten verschiedenen Alters seltener Metalle (Mo, W, Hg, As). Im Kleinen Kaukasus sind die Kupfer- und Molybdänvererzungen verbreitet. Sie gehören altersmäßig zur mesozoischen und alpidischen Epoche.

Mesozoische Provinzen

Die Provinz des Küstengebietes von Transbaikalien. Die Lage dieser Provinz entspricht dem Mongolisch-Ochotskischen Faltengebiet mit seinem südlichen Küstenzug.

In der geologischen Entwicklungsgeschichte dieser Provinz beobachtet man drei Zyklen: den herzynischen, mesozoischen und alpidischen. Die Fläche des herzynischen Gesteinskomplexes und die damit verbundenen Lagerstätten liegen im allgemeinen westlich der zentralen Zone des Sichote-Alin-Gebirges. Diese Fläche wird von den Lagerstätten der mesozoischen Epoche völlig überdeckt. Die Lagerstätten des mesozoischen Zyklus reichen noch etwas weiter östlich bis zur Küstenzone von Sichote-Alin. In der zentralen Zone von Sichote-Alin und sporadisch auch westlich davon liegen auf diesem Territorium Lagerstätten des Mesozoikums. Diese Fläche wird vom Gebiet der Lagerstätten der alpidischen Epoche überdeckt. Die alpidische Verbreitung von Lagerstätten reicht etwas weiter nach Osten und überdeckt auch die Küstenzone von Sichote-Alin, Sachalin und die Kurilen. Im Bereich dieses Territoriums liegen somit drei Zyklen, wobei aber bemerkt sei, daß diese Provinz zu den bizyklischen Erzprovinzen gerechnet wird, weil im Westen des Gebietes der herzynische Zyklus mit dem mesozoischen zusammenfällt und im Osten der mesozoische mit dem alpidischen.

Bedeutende Lagerstätten der Frühstadien des herzynischen Zyklus wurden in diesem Gebiet nicht festgestellt. Mit dem mittleren Stadium fallen die Intrusionen von Granodioriten und anschließenden Graniten zusammen. Diese Intrusionen erfolgten nach der Orogenese des unteren Karbons. Mit den Graniten treten Skarnlagerstätten mit Magnetit und auch hydrothermale Lagerstätten von Sn, Au, Mo, W und Fluorit auf.

In der mesozoischen Epoche erfolgten auch zwei Granitoidintrusionen, allerdings in umgekehrter Reihenfolge. Mit den mittleren kimmerischen Graniten assoziierten Pegmatite, Quarz-Greisen und Quarzbildungen mit Sn und W. Mit den oberen, weniger sauren kimmerischen Granitoiden treten polymetallische, Au-, Mo- und As-Lagerstätten auf.

Die mehrphasigen Intrusionen der alpidischen Diorite, Granite und Granitphorphyre werden von hydrothermalen Lagerstätten des Sn, Au, Fluorits, Hg und polymetallischen Erzen begleitet.

In Teilgebieten der Provinz liegen verschiedene Lagerstätten manchmal in bestimmten Zonen. Typisch ist in diesem Zusammenhang das östliche Transbaikalgebiet, wo schon S. S. SMIRNOW (1944) drei Erzgürtel bestimmt hat. Bei den folgenden Untersuchungen wurde festgestellt, daß der zentrale Gürtel mit der Wolframit-Zinn-Vererzung auf der zentralen Erhebung der kimmerischen Geosynklinale liegt. Der Gold-Molybdän-Gürtel und auch der Blei-Zink-Molybdän-Gürtel liegen an der Peripherie dieser Geosynklinale.

Herzynische Provinzen

Ural. Im Ural wurde die herzynische Geosynklinale gut untersucht. Diesem Zyklus sind der geologische Bau und die Metallführung in diesem Gebiet zuzuschreiben. Die Bildungsbedingungen verschiedener alter Gesteinskomplexe, die im Gebiet des westlichen und östlichen Antiklinoriums und auch im nördlich des Polarkreises liegenden Ural festgestellt worden sind, wurden nicht detailliert untersucht. Bekannt ist nur, daß die Gabbrodiabase, die in diesen alten Gesteinskomplexen liegen, mit Titanomagnetitlagerstätten assoziieren. Mit den alten Graniten stehen hydrothermale Mo-Lagerstätten, Pegmatite mit geringen Beryllanreicherungen und Zinnstein in Verbindung.

Für den Ural ist das frühe Stadium des herzynischen Zyklus äußerst charakteristisch (W. M. SERGIJEWSKI.) In den Hyperbasiten dieses Stadiums liegen die bekannten magmatischen Chromitlagerstätten. In den Basiten findet man Titanomagnetiterze. Mit den Plagiograniten und Plagiosyeniten stehen Skarnlagerstätten von Fe- und Cu-Erzen in Verbindung. Mit der vulkanogenen Serie der Spilit-Keratophyre und Albitophyre treten Schwefel- und Kupferkieslagerstätten auf.

Im mittleren Stadium, das der Hauptphase der herzynischen Faltung entspricht, intrudierten Granodiorite, Granite und später Alaskite. Den Hauptanteil bilden die Granodiorite und weniger sauren Granite, die von Skarn- und hydrothermalen Lagerstätten begleitet werden. Magnetit ist typisch für die Skarnlagerstätten, während die hydrothermalen Lagerstätten Gold führen. Das lokale Auftreten von Alaskitgraniten wird von Pegmatiten mit Edelsteinen, seltenen Metallen und auch hydrothermalen Wolframerzbildungen begleitet.

Das späte Stadium ist im Ural nicht ausgeprägt, es ist aber möglich, daß die sporadisch auftretenden Vererzungen von Baryt, Fluorit, Gold, Antimon und Quarz-Gold-Quecksilber mit ihm in Verbindung stehen.

Dem klaren tektonischen Zonenaufbau des Urals entspricht auch eine nicht weniger klare regionale zonenmäßige Verbreitung der endogenen Lagerstätten. Mit der Zone der metamorphen Gesteine treten magmatische und metamorphe Ti-, Fe- und Magnetitlagerstätten auf. Zum Gürtel der Hyperbasite und Basite gehören die magmatischen Chromit- und Titanomagnetitlagerstätten. Im vulkanogenen Gürtel des Urals liegen die Kieslagerstätten, und in der sogenannten „Zone der Granite der östlichen Abdachung" des Urals befinden sich die Fe-, Au-, Edelstein- und andere Lagerstätten.

Kasachstan. Es handelt sich bei diesem Gebiet um einen typischen bizyklischen Vertreter. Es konzentrieren sich dort endogene Lagerstätten des kaledonischen und herzynischen Zyklus (K. I. SATPAJEW 1957).

Der kaledonische Zyklus mit seinen Strukturen, seinen Intrusiva und Lagerstätten ist hauptsächlich im westlichen Teil von Kasachstan verbreitet. Das frühe Stadium wird durch Anreicherungen von Spilit-Keratophyr-Komplexen basischer und saurer Kleinintrusionen charakterisiert. Möglich ist, daß die goldführenden Kieslagerstätten mit diesem Stadium in Verbindung stehen. Im mittleren Stadium intrudierten die Granodiorite und Granite des Silurs und bildeten kleinere Quarz-Greisenvererzungen mit Zinnstein, Monazit und Scheelit. Das Spätstadium zeichnet sich durch die Entstehung der Kleinintrusionen aus. Die Bildungszeit liegt im Silur und reicht bis ins Devon. Mit diesen Kleinintrusionen treten Quarz-Goldlagerstätten auf. Für die kaledonische metallogenetische Epoche in Kasachstan sind Goldlagerstätten typisch.

Während des herzynischen Zyklus herrschte im westlichen und zentralen Teil von Kasachstan ein Übergangsregime von der Geosynklinale zur Tafel. Nur der östliche Teil entstand unter geosynklinalen Verhältnissen. Unabhängig von diesen grundverschiedenen geologischen Bedingungen bildeten sich in allen Teilen Kasachstans im Zeitabschnitt eines Zyklus gleichzeitige und identische Intrusionen mit ihren Vererzungen. Im Frühstadium entstanden kleine ultrabasische und basische Gesteine mit lokalen Chromitanreicherungen, die keinen Einfluß auf den Charakter der metallogenetischen Provinz ausüben. Im mittleren Stadium intrudierten hintereinander zweimal Granitoide. Mit den frühen, weniger sauren Graniten des mittleren Karbons treten kleine Skarnlagerstätten mit Fe-, Cu- und auch Molybdän-, Kobalt- und polymetallischen Erzen auf. Mit den spätherzynischen leukokraten Graniten sind Pegmatit- und Quarz-Greisenlagerstätten des Mo, W und Sn verbunden. Im Spätstadium des herzynischen Zyklus bildeten sich die kleinen Intrusionen mit quarz-albitophyrischer und granitporphyrischer Zusammensetzung. Zu diesen Intrusionen gehören die großen und verschiedenartigsten polymetallischen Lagerstätten und auch die Kupfererze. Eine untergeordnete Rolle spielen dabei die Quarz-Goldlagerstätten.

Im westlichen und zentralen Teil von Kasachstan gibt es keine regionalen Gesetzmäßigkeiten bei der Anordnung von Zonen bestimmter endogener Erzlagerstätten. Man beobachtet lediglich eine Zugehörigkeit der kaledonischen Goldlagerstätten zu dem nördlichen Teil von Zentralkasachstan. Die herzynischen Lagerstätten bilden hier das Hauptglied der Vererzung, und es scheint, als ob diese Lagerstätten an die Schnittlinien tektonischer Störungen gebunden seien, die keine geregelte Verteilung im Bereich dieses Territoriums aufweisen. Im östlichen Teil Kasachstans hingegen beobachtet man eine auffallende regionale Verbreitung der Zonen endogener Erzlagerstätten (W. P. NECHOROSCHEW 1947). Entsprechend dem Übergang von einem Sektor der Saissanischen Faltenzone in den anderen erkennt man sieben Erzgürtel (A. I. SEMJONOW 1957):

1. Gorny Altai mit W-Mo-Lagerstätten
2. Rudny Altai mit polymetallischer Vererzung
3. Gürtel der Goldlagerstätten des südlichen Altai
4. Kalba-Namir-Zone mit Lagerstätten von Sn und W
5. Der zweite Gürtel der Goldlagerstätten von Kalba
6. Die schwachvererzte Zone von Sharmi
7. Tschingisische Zone mit W-Mo-Lagerstätten

Diese regionale Gesetzmäßigkeit in der Anordnung der Zonen ist durch die räumliche Anordnung der Eruptivgesteine bestimmt sowie durch die Lagerstätten, die mit diesen Gesteinskomplexen auftreten. Die spätherzynischen leukokraten Granite und die damit verbundenen Vererzungen seltener Metalle liegen in der zentralen Erhebung der Saissanischen Geosynklinale.

Eine klare räumliche Verteilung der Zonen endogener Erzlagerstätten in Mittelasien ist nicht vorhanden, weil der größte Teil der Lagerstätten dieser Provinz zu einem einheitlichen Lagerstättentyp gehört, der mit den herzynischen Eruptivgesteinen mehr oder weniger gleichmäßig über das gesamte Gebiet verteilt ist. Einige Unterschiede für die Hauptzone des Tienschan beobachtet man lediglich bei den Hauptmetallen der Lagerstätten. Im nördlichen Tienschan überwiegen die Pb-Zn-Lagerstätten mit nicht selten komplizierter Zusammensetzung (mit Sn, As usw.). Im mittleren Tienschan sind besonders die hydrothermalen und Skarn-Lagerstätten verbreitet. Die in diesen Lagerstätten auftretenden Metalle sind Pb, Zn und in den Skarnlagerstätten Scheelit. Im südlichen Tienschan ist ein ausgedehnter Gürtel von Hg-Sb-Vorkommen bekannt, der unter einem spitzen Winkel die Zone der W-, Sn- und As-Lagerstätten schneidet.

Kaledonische Provinzen

Altai-Sajaner Gebiet. Diese Provinz gehört zu einem Gebiet, in dem zwei Zyklen ausgeprägt sind, der proterozoische und besonders der kaledonische Zyklus.

Die proterozoischen Lagerstätten liegen auf einer begrenzten Fläche, dem Ost-Sajan, Kusnezker Ala-Tau, Gorny-Altai und dem Tannu-Ola. Die kleinen Hyperbasit- und Basitmassive und auch die Plagiogranitintrusionen des unteren Proterozoikums werden von keinen nennenswerten Vererzungen begleitet. Mit den leukokraten Graniten des oberen Proterozoikums treten glimmerführende und seltene Metalle führende Pegmatite auf.

Für den kaledonischen Zyklus sind fünf Intrusivkomplexe und die sie begleitenden Lagerstätten charakteristisch. Mit den serpentinisierten Gesteinen der Salair-Phase treten Lagerstätten von Asbest, Talk, Magnesit und wenig Chrom, Titanomagnetit und Nickel auf. Mit den takonischen Granodioriten assoziieren Goldlagerstätten. Mit den leukokraten Graniten treten Pegmatite, Greisen und Quarzgänge mit Wolframit, Molybdänit und Beryll auf. Mit den spezifischen Komplexen der Kleinintrusionen alkalischer Gesteine assoziieren Pyrochlor-Karbonatite und eine Zone seltener Metalle in albitisierten Syeniten. Zu einer Gruppe von Gesteinen mit komplizierter Zusammensetzung gehören die Skarnlagerstätten mit Eisenerzen.

Proterozoische Provinzen

Die Provinzen dieser Epoche gehören zu den vorpaläozoischen Tafel-Teilgebieten des Territoriums der UdSSR. Man kann sie ins Proterozoikum stellen, da die geologische und metallogenetische Entwicklung vor der Tafelbildung abgeschlossen war. In der Tafelperiode zählte man diese Provinzen zu einem späteren Erzbildungsprozeß, der eine Überprüfung der Geosynklinal- und Halbtafelzyklen darstellt. Unabhängig davon, daß diese Prozesse örtlich große Bedeutung für die Metallführung der vorpaläozoischen Plattformen haben, kann man diese Provinzen nur zum Proterozoikum rechnen, in Übereinstimmung mit dem Prinzip der neuen metallogenetischen Gliederung. Nach diesem Prinzip werden diese Gebiete in den letzten Zyklus der Geosynklinalentwicklung gestellt. Auf solcher Grundlage können als Beispiele einer proterozoischen Provinz der südliche Teil der Sibirischen Tafel und der Baltische Schild angeführt werden.

Der südliche Teil der Sibirischen Tafel hat einen zweistufigen geologischen Bau. Die geologischen Strukturen und Lagerstätten der unteren Stufe gehören zum archaischen und proterozoischen Zyklus.

Innerhalb der kristallinen Gneise, Schiefer, Marmore und Quarzite sind umkristallisierte und metamorphosierte basische und saure Gesteine bekannt.

Die palingene Entstehung wirkte sich ungünstig auf Lagerstättenbildungen aus. Man findet lediglich einfache Pegmatite, die vom wirtschaftlichen Standpunkt ohne Interesse sind.

Für den proterozoischen Zyklus beobachtet man ältere Intrusionen von Gabbro-Noriten und jüngere Granitoidintrusionen von bedeutend größeren Ausdehnungen. Größere Lagerstätten, die mit den basischen Intrusionen in Verbindung stehen, wurden bisher nicht festgestellt. Mit den proterozoischen Granitoiden treten in verschiedenen Gebieten des unteren Strukturstockwerkes im südlichen Teil der Sibirischen Tafel verschiedene Lagerstättentypen auf. Zu ihnen gehören die Skarnlagerstätten mit Eisen und Bor, glimmerführende Pegmatite, hydrothermale Lagerstätten von Gold und Bergkristall, Pb, Zn, Cu, Mo.

Der Magmatismus und die Erzbildung im Mesozoikum vollzogen sich bereits unter Tafelverhältnissen. Die Auswirkungen des Magmatismus und der Erzbildung waren sehr unterschiedlich für dieses Gebiet. Für die gehobenen und gut aufgeschlossenen Teile des Tafelsockels sind die charakteristischen Kleinintrusionen alkalischer Gesteine des oberen Mesozoikums in Kluftsystemen (Aldan usw.) von großer Bedeutung. Mit ihnen treten hydrothermale Quarz-Goldlagerstätten und seltene Metalle in Karbonatiten auf. In abgesunkenen Gebieten der Tafel, die durch flachlagernde Gesteinspakete des unteren und oberen Paläozoikums überlagert werden, beobachten wir eine vulkanische Tätigkeit im unteren Mesozoikum. Es kam in diesen Gebieten zu einer ausgedehnten Trappbildung (zwischen Jenissei und Lena). Mit dem Vulkanismus sind die verschiedensten Lagerstätten verbunden:

1. Magmatische Kupfer-Nickelerz-Lagerstätten
2. Magmatische Diamantlagerstätten
3. Hydrothermale und Skarnlagerstätten
4. Hydrothermale Doppelspatlagerstätten
5. Noch zu erwartende Pb-Zn-Lagerstätten hydrothermalen Charakters

Der Baltische Schild. Im Bereich der Halbinsel Kola und der Karelischen ASSR sind endogene Lagerstätten des Proterozoikums und Archaikums bekannt. Weiterhin hat man überprägte Vererzungen des herzynischen Zyklus beobachtet. Die Lagerstätten des Archaikums sind unbedeutend. Sie treten mit den Mikroklin-Granitoiden auf. Als Lagerstätten sind Pegmatite (geeignet für die keramische Industrie) zu verzeichnen. In Fahlbändern treten Magnetkiesvererzungen auf, die kobalt- und nickelführend sind. Unbedeutend sind die hydrothermalen Quarzgänge, die Molybdänvererzung zeigen.

Die Lagerstätten des Proterozoikums stehen mit den ultrabasischen, basischen und sauren Intrusionen in Verbindung. Diese Intrusionen teilen die kristallinen Gesteine des Archaikums in große Blöcke. Mit den ultrabasischen und basischen Gesteinen des Proterozoikums assoziierten magmatische Lagerstätten mit Sulfid-, Kupfer-Nickel- und Titanomagnetit-Erzen. Die Pegmatite (keramische) stehen mit den sauren Gesteinen in Verbindung. Sie führen mitunter neben Glimmer noch seltene Metalle. Die Skarne führen Sn-Vererzungen, und der Pyrit tritt in den hydrothermalen Lagerstätten auf.

Die alkalischen Intrusionen des herzynischen Zyklus sind auf den großen tektonischen Störungen, die zwischen Gesteinskomplexen des Archaikums und Proterozoikums vorhanden sind, hochgedrungen. Die Störungen streichen NW—SE.

Mit den Alkaligesteinen treten magmatische Apatitlagerstätten mit Nephelin, seltenen Metallen (Tantal, Niob), Titanomagnetit und Magnetit auf. Nicht selten sind auch die Pegmatitlagerstätten mit Glimmer, seltenen Metallen, Karbonatiten und hydrothermalen Molybdän-, polymetallischen und Fluorit-Vererzungen.

(Das Literaturverzeichnis wird zusammen mit Teil II dieser Arbeit in einem der nächsten Hefte veröffentlicht.)

Zur Berechnung von Vorräten nach der Isolinienmethode[1]

(Veröffentlichung der ZVK — Nr. 5)

KARL SCHELLMOSER, Berlin

1. Vorbemerkung

Der Zentralen Vorratskommission sind im letzten Jahr mehrere Vorratsberechnungen kleinerer Braunkohlenlagerstätten, z. T. isolierte Vorkommen, z. T. Teilflächen größerer Braunkohlenfelder, eingereicht worden.

Folgende Berechnungsmethoden wurden hierzu verwendet:

als Hauptmethode — die Methode der Isolinien
daneben — die Methode der Vielecke (Methode der nächsten Umgebung).

Durch Gegenüberstellung der einzelnen Berechnungsmethoden versuchten die Bearbeiter, deren Genauigkeit zu charakterisieren. Dabei ist festzustellen, daß in der Praxis und bei derartigen Untersuchungen viel zu wenig einfache, nicht so arbeitsintensive Berechnungsmethoden angewendet und verglichen werden. Offensichtlich ist die bereits in der Literatur kritisierte Anschauung verbreitet, daß komplizierte Berechnungsmethoden ein genaueres Ergebnis liefern.

In der vorliegenden Arbeit versucht Verf., an einem Beispiel aus der Praxis der Zentralen Vorratskommission nachzuweisen, daß die einfachen Berechnungsmethoden keineswegs schlechtere bzw. ungenauere Ergebnisse bringen als die komplizierten. Es wurde bewußt ein Beispiel mit all seinen erkundungsmethodischen Mängeln aus den eingereichten Vorratsberechnungen ausgewählt und ohne nachträgliche Korrekturen bzw. Idealisierung der Verhältnisse analysiert.

2. Zur Charakteristik der Lagerstätte

Die ausgewählte Vorratsberechnung betrifft ein Teilfeld einer Lagerstätte im Mitteldeutschen Braunkohlengebiet. Die Erkundung erfolgte auf das Hauptflöz (Flöz III) des Weißelster-Beckens im Raume südsüdwestlich von Leipzig.

Das Hauptflöz liegt im Erkundungsgebiet unter 5,50 m bis 27 m mächtigen Deckschichten aus Geschiebemergel, Lehm, Ton, Schluff, Sand und Kies. Die Mächtigkeit des Flözes schwankt von 2,50 m bis 9,90 m. Die Lagerung ist fast söhlig — das Liegende des Flözes wurde im SSW bei ca. +118 m NN und im NNE bei ca. +111 m NN erbohrt —; große Untiefen — sogenannte Kesselbildungen — sind im Erkundungsgebiet nicht beobachtet worden. Einschaltungen von mächtigeren Zwischenmitteln und die damit verbundene Aufsplitterung des Flözes sowie „Auswaschungen" im Hangenden als Folge mehrmaligen Wechsels des Flußverlaufes der

[1]) Eingang des Manuskripts in der Redaktion: 18. 9. 1961

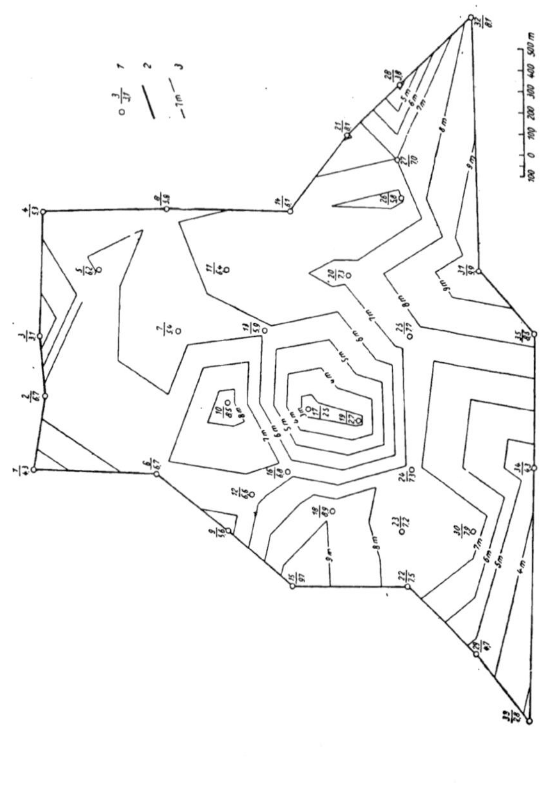

Abb. 1. Vom Bearbeiter vorgelegter Berechnungsriß (geometrisierte Isolinienmethode)
1 – Bohrungen (im Zähler = Bezeichnung der Bohrung, im Nenner = angetroffene Mächtigkeit der Kohle), 2 – innerer Umriß, 3 – Isolinien der Mächtigkeit (Isopachen)

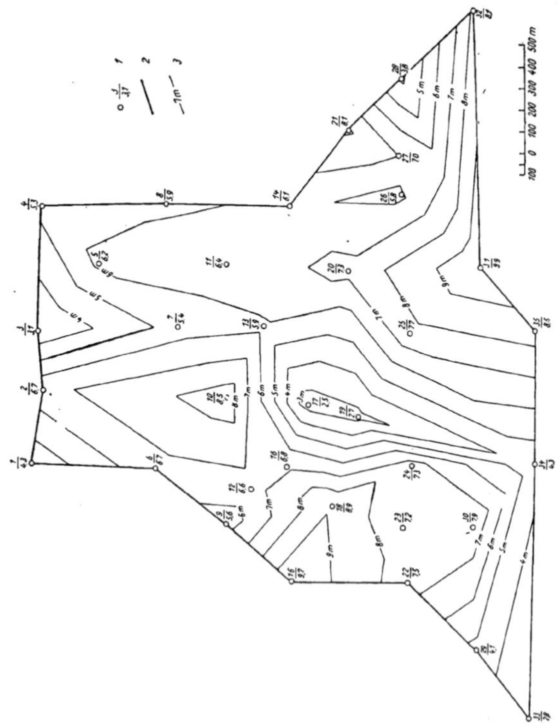

Abb. 2. Eine andere Möglichkeit der Linienführung der Isopachen für den gleichen Lagerstättenteil

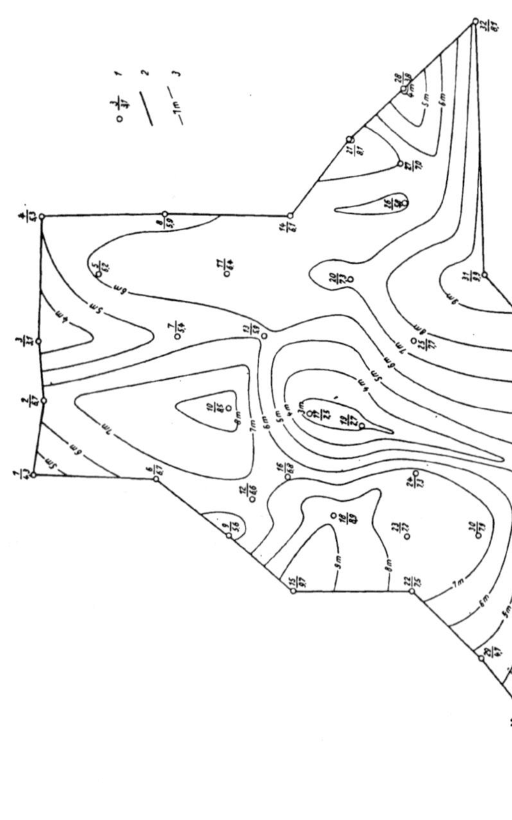

Abb. 3. Allgemein übliche Darstellung der Isolinienmethode

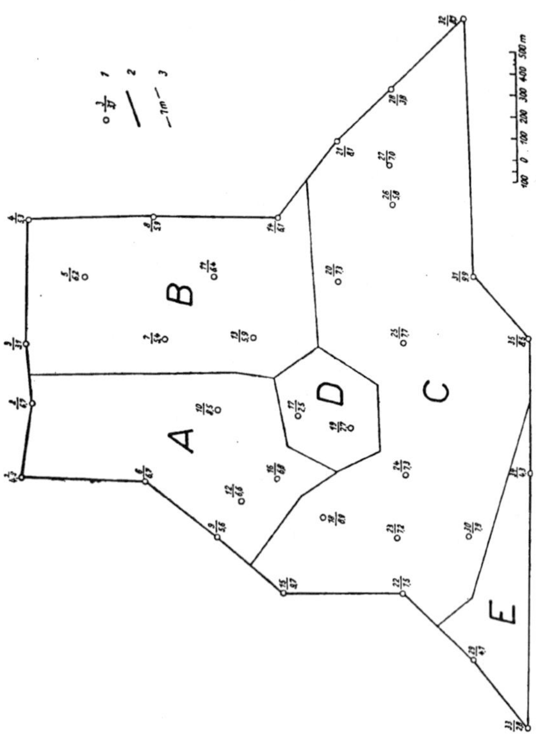

Abb. 4. Riß zur Berechnung nach der Methode der geologischen Blöcke für den gleichen Lagerstättenteil

Weißen Elster bedingen die unterschiedliche Mächtigkeit. Gemäß den Definitionen der ersten Braunkohleninstruktion wurde das erkundete Teilfeld dem Lagerstättentyp I, Flöztyp 2, zugeordnet. Es wurden Bilanzvorräte der Klasse C_1 ausgewiesen.

Die Erkundung erfolgte ausschließlich durch Trockenbohrungen.

3. Zur Berechnungsmethode

Die Berechnung der Vorräte dieser Teillagerstätte wurde nach zwei Methoden durchgeführt:

1. einer Abwandlung der Isolinienmethode,
2. der Vieleckmethode (Methode der nächsten Umgebung).

Hier soll nur die Berechnung nach der Isolinienmethode einer kritischen Betrachtung unterzogen werden.

3.1 Die Isolinienmethode[2])

Der Bearbeiter schreibt in seiner Begründung zur Berechnungsmethode:

„Unter Berücksichtigung des Lagerstätten- und Flöztyps kamen bei dieser Lagerstätte in Abhängigkeit vom Erkundungsgrad die Isolinienmethode und zur Stützung des Ergebnisses außerdem die Vieleckmethode zur Anwendung."

In der Literatur wird bei der Behandlung der Isolinienmethode auf folgende zu beachtende Punkte hingewiesen:

1. Die Isolinienmethode kann nur bei eingehend erkundeten und ungestörten Lagerstättenkörpern Anwendung finden; denn bei einem weitmaschig erkundeten Lagerstättenkörper liegen zu wenig Daten für die Konstruktion der Isolinien vor.
2. Es sind umfangreiche und z. T. umständliche, mit großem Aufwand verbundene Arbeiten erforderlich.

In Abb. 1 ist der Berechnungsriß des Bearbeiters wiedergegeben. Daraus ist ersichtlich, daß die Bohrungen recht ungleichmäßig verteilt sind. Die Abstände schwanken zwischen 300 m und 1200 m in E—W-Richtung und zwischen 250 m und 900 m in N—S-Richtung. Es liegt somit kein systematisches Erkundungsnetz vor, sondern annähernd eine Art Profile.

Abb. 1 vermittelt auf den ersten Blick den Eindruck einer recht unregelmäßigen morphologischen Ausbildung des Flözes. Im Bereich der Bohrungen 17 und 19 ist eine „Vertiefung" im Lagerstättenkörper zu erkennen; sonst sind einheitliche Züge in der Ausbildung — besonders im Nord- und Ostteil der Fläche — kaum ersichtlich.

Scheinbar hat sich der Bearbeiter bei der Anfertigung der Zeichnung von rein mechanischen Überlegungen leiten lassen. Das ist jedoch eine Schwäche dieser Arbeit. Bei der Anfertigung der Berechnungsrisse sind auch oder gerade wegen der Geometrisierung der Formen des Lagerstättenkörpers die geologische Analyse und Beurteilung der vorliegenden Daten von größter Wichtigkeit. Die Konstruktion der Isolinien ist keineswegs eine mechanische oder mathematische Angelegenheit, sie verlangt im Gegenteil geologisches Verständnis. Der im Bericht gezeigte Zusammenhang zwischen der gegenwärtigen Form des Lagerstättenkörpers und dem geologischen Geschehen im Pleistozän (Auswaschungen o. ä.) bzw. während der Moorbildung (Flußlauf) wurde offensichtlich nicht beachtet.

[2]) In der Literatur wird der Begriff Isolinienmethode allgemein gebraucht und darunter Isolinien für Mächtigkeit, Gehalte usw. verstanden. In den folgenden Ausführungen beziehen sich die Isolinien auf Linien gleicher Mächtigkeit (Isopachen). Zur Vereinfachung wird nur von Isolinien gesprochen.

Eine andere — zunächst ebenfalls geometrisierte — Linienführung der Isopachen zeigt Abb. 2. In ihr kommt deutlich eine Nord—Süd-Erstreckung der niedrigen Werte zum Ausdruck. An Hand dieser Konstruktion läßt sich mit großer Wahrscheinlichkeit eine ähnliche „Rinne" niedriger Mächtigkeiten außerhalb des Umrisses im Osten von SE nach NNW voraussagen (siehe auch Abb. 3).

Die größten Unterschiede in der Interpretation sind dort zu verzeichnen, wo die Abstände zwischen den Bohrungen besonders groß sind — im Nordteil sowie in der Mitte des Südteiles. Diese Tatsache bestätigt die Hinweise in der Literatur über den begrenzten Anwendungsbereich dieser Berechnungsmethode.

Wie notwendig geologisches Denken bei der Konstruktion von Berechnungsrissen nach der Isolinienmethode ist, zeigt auch in Abb. 1 die formale bzw. falsche Darstellung bei Bohrung 27. In der Natur hätten wir nach dieser Darstellung eine Pyramidenspitze vor uns. Es spricht nichts dafür, daß der Lagerstättenkörper hier diese höchst seltene Form annimmt.

In diesem Zusammenhang muß noch auf die „Geometrisierung" der Isolinien eingegangen werden.

Der Lagerstättenkörper (Braunkohle) hat nie eine derart eckige und kantige Form, wie sie in den Abb. 1 und 2 dargestellt wird. Die Isolinienmethode fordert vielmehr — und das entspricht auch dem Sinn und Inhalt von Isolinien — fließende, kurvenartig verlaufende Linien (Abb. 3). Die Darstellung in Abb. 1 und 2 und die Bezeichnung „Isolinien" hat daher den Protest vieler Fachkollegen herausgefordert. Ist er praktisch begründet? Der Bearbeiter der Vorratsberechnung geht davon aus, daß die einzigen exakt ermittelbaren Punkte auf der kürzesten Verbindung zwischen zwei Bohrungen liegen und durch Interpolation erhalten werden. Verbindet man nun gleichwertige Punkte (z. B. gleicher Mächtigkeit) miteinander, so gibt es zwei Möglichkeiten:

a) geradlinig und b) fließend mit mehr oder weniger großen Abweichungen nach beiden Seiten von der geraden Verbindung. Die kürzeste Verbindung zweier gleichwertiger Punkte ist offensichtlich die am wenigsten subjektive. Allerdings ist das keine echte Isolinienmethode, sondern eine stark geometrisierte. Ihre Vorteile bei Berechnungsrissen bestehen in der weniger subjektiven Konstruktion, einfacheren Berechnung und erleichterten Kontrolle. Für die Vorratsberechnung sollte diese Darstellung daher trotz ihrer Mängel anerkannt werden. Es wäre jedoch angebracht, von „geometrisierten Isolinien" zu sprechen.

3.2 Andere Berechnungsmethoden

Zur Stützung des Ergebnisses der Isolinienmethode berechnete der Bearbeiter die Vorräte nach der Vieleckmethode (Methode der nächsten Umgebung). A. P. PROKOFJEW (1956) schreibt, daß diese Methode bei systemloser Anordnung der Aufschlüsse benutzt wird. Die Methode scheint somit für vorliegenden Fall begründet zu sein. Da es aber zweckmäßig ist, eine Vorratsberechnung so anzufertigen, daß bei Weiterführung der Erkundungsarbeiten — im vorliegenden Fall Verdichtung zwecks Überführung der Vorräte in die Klassen B und A_2 — keine umfangreiche Neuberechnung vorzunehmen ist, sollte man auf diese Methode bei der Berechnung von Braunkohlenvorräten weitgehend verzichten.

Unter Benutzung der gleichen Erkundungsergebnisse wurde eine Neuberechnung der Vorräte nach der Methode des arithmetischen Durchschnitts sowie nach der Methode der geologischen Blöcke (Abb. 4) durchgeführt. Letztere stellt eine Abart der Methode des arithmetischen Durchschnitts dar und kann Verwendung finden bei bemerkenswerten Unterschieden in der Mächtigkeit u. a. Es wurden jeweils Lagerstättenteile zu geologischen Blöcken zusammengefaßt, deren Mächtigkeiten keine allzugroßen Abweichungen aufweisen. Dabei lassen sich selbstverständlich Ausnahmen nicht immer vermeiden (Block C).

4. Gegenüberstellung der Berechnungsergebnisse

Ein Vergleich der Ergebnisse der einzelnen Berechnungsmethoden (Tab.) zeigt, daß sich die verschiedenen Berechnungsmethoden — das wurde bereits in der Fachliteratur festgestellt — in ihren Endwerten nur unbedeutend unterscheiden.

Tab. Gegenüberstellung der Ergebnisse verschiedener Berechnungsmethoden

Methode	Vorräte
Arithmetischer Durchschnitt	100
Geologische Blöcke	101,6
Vielecke	101
Isolinien (Abb. 1)	102,8
Isolinien (Abb. 2)	100,3

(Die mit der Methode des arithmetischen Durchschnitts erhaltenen Vorräte wurden gleich 100 gesetzt.)

Die größte Abweichung liegt mit 2,8% bei der Isolinienmethode nach Abb. 1.

5. Schlußfolgerungen

Auf Grund eines Beispiels sind selbstverständlich nur bedingt allgemeine Schlußfolgerungen möglich. Die Ergebnisse des diskutierten Beispiels bestätigen jedoch zahlreiche in der einschlägigen Literatur aufgeführte Feststellungen.

Darauf aufbauend kann bei Vorliegen ähnlicher Verhältnisse wie in dem dargelegten Beispiel gefolgert werden:

1. Mit einfachen Berechnungsmethoden — Methode des arithmetischen Durchschnitts und deren Variationen — werden keine schlechteren Ergebnisse erzielt als mit den umfangreicheren bzw. umständlichen Berechnungsarten.

2. Die Anwendung der Isolinienmethode ist abhängig von der Dichte und der regelmäßigen Anordnung der Bohrungen. Der benötigte Arbeitsaufwand ist umfangreich und steht in keinem Verhältnis zum Ergebnis.

3. Die Isolinienmethode (die echte oder geometrisch vereinfachte) gibt keine räumliche Vorstellung von der Lage des Mineralkörpers im gesamten geologischen Schichtenverband.

Zusammenfassung

Auf dem Mineralgebiet Braunkohle wurden der Zentralen Vorratskommission für mineralische Rohstoffe zahlreiche Vorratsberechnungen eingereicht, die nach verschiedenen Methoden berechnet wurden. An einem Beispiel wird die Isolinienmethode diskutiert und die Begrenztheit ihrer sinnvollen Anwendung gezeigt. Durch Gegenüberstellung der Ergebnisse mit anderen Berechnungsmethoden wird nachgewiesen, daß einfachere Berechnungsmethoden — z. B. Methode des arithmetischen Durchschnitts und deren Variationen — keineswegs ungenauere Ergebnisse bringen.

Резюме

По минеральной области ,,Бурый уголь'' Центральной комиссии по запасам полезных ископаемых представлялись многочисленные подсчеты запасов, проведенные по различным методам. Обсуждается на одном примере метод изолиний и ограниченность его разумного применения. Путем сопоставления результатов с данными других методов подсчета доказывается, что более простые методы подсчета (напр. метод среднего арифметического и его вариации) вовсе не дают более неточных результатов.

Summary

In the mineral field relating to brown coal numerous reserve calculations carried out by different methods have been presented to the Central Reserve Commission for Mineral Raw Materials. An example is given to discuss the isoline method and limitation of its appropriate application. A comparison with results obtained by other methods of calculation shows that more inaccurate results are by no means produced by simpler methods, e. g. the arithmetic mean method and its variation.

Literatur

PROKOFJEW, A. P.: Vorratsberechnung mineralischer Rohstoffe. — VEB Verlag Technik, Berlin 1956.

STAMMBERGER, F.: Welche Methoden der Vorratsberechnung sind dem Praktiker zu empfehlen? — Z. angew. Geol., 1, S. 159—163 (1955).

— Einführung in die Berechnung von Lagerstättenvorräten fester mineralischer Rohstoffe. — Akademie-Verlag, Berlin 1956.

Unveröffentlichte Ergebnisberichte und Vorratsberechnungen über die Erkundung von Braunkohlenlagerstätten, die der Zentralen Vorratskommission zur Kontrolle und Bestätigung eingereicht wurden.

Das Porenvolumen der Gesteine – ein Faktor der Erzabscheidung[1)]

A. W. KOROLJOW & T. TULEGENOW, Taschkent

Die Kupferlagerstätte Sary-Tscheku, die trümerhaft eingesprengte Erze (porphyry copper ores) enthält, liegt 20 km südöstlich Almalyk (Usbekische SSR) am rechten Steilufer des Gebirgsflusses Sauk-Bulak. Die nach Südosten einfallende Überschiebung von Miskan, die mineralisiert ist und offensichtlich als tiefer Erzzufuhrkanal für die Lösungen wirkte, trennt zwei verschiedene geologische Komplexe. Nordwestlich dieser Überschiebung liegt eine über 1000 m mächtige, oberpaläozoische Folge von Effusivgesteinen der Aktschinsker Serie, während im Südosten davon ein Komplex unterpaläozoischer und unterdevonischer Effusiva auftritt, die von oberdevonischen (D_3) bis unterkarbonischen (C_1) Kalken diskordant überlagert werden. Dieser ganze Komplex wird von Intrusivmassiven und Gesteinsgängen, die zeitlich ans Ende des Paläozoikums gehören, durchbrochen. Die oberpaläozoischen Effusiva fallen flach nach Norden ein; die unterdevonischen Sediment- und Effusivgesteine sind gefältelt, wobei die Faltenschenkel flaches bis mittleres Einfallen aufweisen.

Die im südöstlichen Komplex auftretenden Erzfelder bestehen aus Kupfer- und Blei-Zink-Lagerstätten. Die Lager-

[1)] Aus ,,Geologija rudnych mestoroshdenij", Nr. 6, 1960, S. 73—79 (etwas gekürzt). — Übers.: W. OESTREICH

stätte Sary-Tscheku liegt unmittelbar im Hangenden der Miskansker Überschiebung in metamorphen unterdevonischen Gesteinen. An der Basis des Profils treten Alaskite auf, die hier weit verbreitet sind und im Südwesten am Oberlauf des Flusses Almalyk ordovizische Schiefer durchbrechen. Auf der ausgewaschenen Oberfläche der Alaskite liegen bis 150 m mächtige Tuffe andesitischer Zusammensetzung; darüber befinden sich 150 bis 300 m Quarzporphyroide, die stellenweise die klastische Struktur der Liparittuffe beibehalten haben, aus denen sie hervorgegangen sind, während sie in anderen Fällen das Aussehen eines intrusiven Quarzporphyrs angenommen haben. Das Profil wird mit bis 80 m mächtigen metamorphen dazitischen Tuffen abgeschlossen; stellenweise haben diese das Aussehen von Intrusivgesteinen vom Typ eines Granodioritporphyrs („graue Granodioritporphyre"). Auf der erodierten Oberfläche der „grauen Granodioritporphyre" und der Quarzporphyroide liegen mitteldevonische Kalke mit sandigen und dolomitischen Schichten an der Basis.

Im nordöstlichen Teil der Lagerstätte tritt ein kleines (0,07 km² Fläche umfassendes) Intrusiv von Biotitgranodioritporphyren auf, die im Gegensatz zu den anderen als „rosa" bezeichnet werden. Spätere Bildungen sind die Granodioritporphyrgänge des „Guschsaj"-Typs, die ein großes Massiv nordöstlich der Lagerstätte bilden. Alle Gesteine werden schließlich durch Gänge und Intrusivlager von Hornblende-Biotit-Quarz-Monzonitporphyren durchbrochen. Die gefältelten unterdevonischen Gesteine wurden in verschiedenem Grade zerstückelt und hydrothermal überprägt. Am stärksten zerstückelt wurden die grobkörnigen Quarzporphyroide. Sie wurden sericitisiert und reicherten sich mit Quarz an. In den darunterliegenden Andesittuffen sind Albitisierung und Chloritisierung zu beobachten; in den Alaskiten wurde der Feldspat pelitisiert, die Gesteine wurden sericitisiert und reicherten sich mit Quarz an.

Alle Eruptivgesteine der Lagerstätte sind in wechselndem Grade mit Kupferkies vererzt. Bauwürdige Konzentrationen von Kupfererzen, die in Gestalt eines konkordant eingeschalteten flachen Lagers auftreten, kommen jedoch nur in den Quarzporphyroiden vor, die in den gleichen Teufen anschließend in das Massiv der „rosafarbenen" Granodioritporphyre übergehen.

Bei ihren Untersuchungen konnten Verf. das Filtrationsvermögen und die Permeabilität der Gesteine leider nicht bestimmen. Mit der Bestimmung des spezifischen Gewichts und des Raumgewichts bei der Ermittlung des wahren Porenvolumens charakteristischer Gesteine wurden auch gleichzeitig die freie Wassersättigung, der Grad der Porenfüllung und das effektive Porenvolumen mit bestimmt. Die Bestimmung der Raumgewichte erfolgte durch hydrostatisches Wägen, während die spezifischen Gewichte mit dem Pyknometer festgestellt wurden; aus diesen Werten wurde das wahre Porenvolumen errechnet. Für die Ermittlung des effektiven Porenvolumens benutzte man die Methode der freien Wassersättigung, wobei die Proben nach 1, 3, 5, 10, 20, 30 und 45 Tagen gewogen wurden. Von allen in der Lagerstätte auftretenden Gesteinen wurden nur die Dazittuffe nicht untersucht.

Die Größe des Porenvolumens der Nebengesteine besitzt entscheidenden Einfluß auf die Kupferverteilung. Da der Kupferkies am Ende der hydrothermalen Tätigkeit zum Absatz gebracht wird und die Oxydation in der Lagerstätte noch keine wesentliche Rolle spielt, ist anzunehmen, daß die festgestellten Werte des Porenvolumens und der freien Wassersättigung etwa den Verhältnissen am Abschluß des Stadiums der hydrothermalen Erzbildung und des gesamten Mineralisationsprozesses entsprechen.

In Tab. 1 sind neben den Angaben über den Kupfergehalt die Ergebnisse der Untersuchung des Porenvolumens und der freien Wassersättigung der Eruptivgesteine des Profils zusammengestellt. Daraus ist ersichtlich, daß der höchste Kupfergehalt, der bauwürdige Bedeutung hat, in den Quarzporphyroiden und den „rosa" Granodioritporphyren vorliegt. In den Gesteinen mit bauwürdiger Vererzung ist auch das größte Porenvolumen, sowohl das wahre als auch das effektive, zu beobachten. Die Werte unterscheiden sich sehr stark von dem herabgesetzten Porenvolumen aller übrigen Gesteine; das effektive Porenvolumen macht etwa die Hälfte des wahren Porenvolumens aus. Die durchschnittliche Wassersättigung ist in den Quarzporphyroiden und den „rosa" Granodioritporphyren am höchsten. Man muß bemerken, daß in letzteren nur in den Bereichen des stratigraphischen Profils höhere Werte der untersuchten Eigenschaften zu beobachten sind, die früher von den Quarzporphyroiden eingenommen wurden; in den niedrigeren und höheren Horizonten sind diese Werte wesentlich geringer. Die Ursachen für diese eigenartige Verteilung der Vererzung in den „rosa" Granodioritporphyren sind noch nicht geklärt.

Die Analyse der erhaltenen Werte ermöglicht den Schluß, daß die porösesten Gesteine mit der stärksten Wassersättigung infolge ihrer besseren Durchlässigkeit für die erzbildenden Lösungen auch besser vererzt sind. Tab. 1 zeigt die Durchschnittszahlen für die Werte der freien Wassersättigung. Noch größere Bedeutung besitzt aber die Geschwindigkeit der Wassersättigung, die ebenfalls für jeden Typ der untersuchten Gesteine charakteristisch ist. Für alle untersuchten Proben wurden Diagramme der Wassersättigung aufgestellt; auf der Abszisse wurde die Zeit, auf der Ordinate der Wert der Wassersättigung abgetragen. Die Analyse der Wassersättigungskurven zeigte, daß sich trotz aller Mannigfaltigkeit folgende vier Haupttypen der Kurven unterscheiden lassen, die durch verschiedenen Verlauf und verschiedene Schnelligkeit der Wassersättigung gekennzeichnet werden (Abb. zeigt die typischen Kurven, sie sind nach abnehmender Geschwindigkeit der Wassersättigung numeriert).

Typ I. Die Probe sättigt sich am ersten und teilweise noch am zweiten und dritten Tag sehr schnell mit Wasser, nahezu bis zum vollen Wert (bis 90%), dann wird kein Wasser mehr aufgenommen oder nur äußerst langsam (s. Abb., Kurve 1 — Quarzmonzonitporphyr).

Typ II. Die Probe sättigt sich schnell mit Wasser am ersten Tag oder bis zu drei Tagen, die Wasseraufnahme wird aber weiter bis zum fünften Tag fortgesetzt. Danach hört die Wasseraufnahme fast auf (s. Abb., Kurve 2 — Andesittuff).

Typ III. Die Probe sättigt sich in den ersten Tagen schnell mit Wasser, die Wasseraufnahme geht aber bis zu 15 Tagen weiter, wenn auch immer langsamer, bis sie danach fast völlig zum Erliegen kommt (s. Abb., Kurve 3 — „rosa" Granodioritporphyr).

Typ IV. Die Probe sättigt sich in den ersten Tagen schnell mit Wasser, dann geht die Sättigung immer langsamer vor sich, sie dauert aber ganz bis zum Ende hin an, d. h. bis zu 45 Tagen (s. Abb., Kurve 4 — Quarzporphyroid).

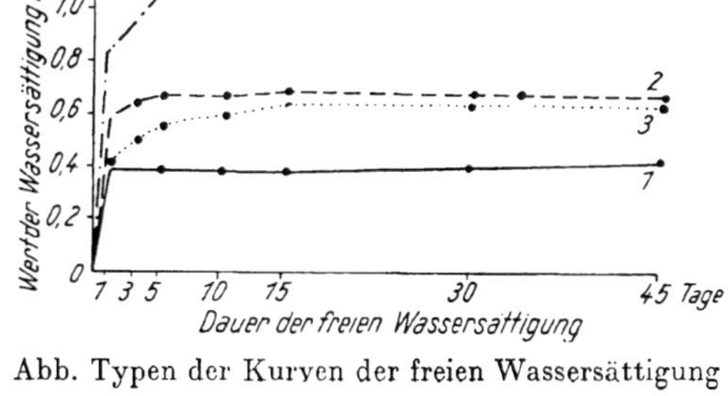

Abb. Typen der Kurven der freien Wassersättigung

Die Hauptmasse des Wassers wird also in allen Proben in den ersten drei Tagen aufgenommen; dann hört die Sättigung entweder auf, oder sie geht mit verminderter, für die verschiedenen Proben unterschiedlicher Geschwindigkeit weiter. Man darf annehmen, daß im ersten der beschriebenen Typen die Wassersättigung relativ sehr schnell erfolgte, im zweiten Typ schnell, im dritten langsam und im vierten Typ sehr langsam vor sich ging. Typ IV der Wassersättigung ist der kennzeichnendste Typ für die untersuchten Proben, was aber nicht seine größte Verbreitung auf der Lagerstätte bestimmt (Tab. 2). Ein Mangel der Angaben in Tab. 2 besteht darin, daß die einzelnen Typen nicht gleichmäßig untersucht wurden. So wurden z. B. 24 Quarzporphyroidproben, aber nur vier Alaskitproben untersucht.

Tab. 2 bringt eine Bewertung der Verzögerung der Wassersättigung in Graden und eine Charakteristik ihrer relativen Geschwindigkeit.

Der Durchschnittsgrad für jedes Gestein wurde auf folgende Weise erhalten: Für jeden Typ der Wassersättigungskurven wurde eine Einschätzung ihrer relativen Verzögerung vorgenommen. Typ I erhielt den Grad 1, Typ II den Grad 2, Typ III den Grad 3 und Typ IV den Grad 4; weiterhin wurde die Zahl der Gesteinsproben jedes Typs mit dem Grad jedes Typs multipliziert, und die Summe dieser Produkte wurde addiert und durch die Gesamtzahl der Proben des gegebenen Gesteins dividiert. Der Durchschnittsgrad ist daher ein halbquantitativer Ausdruck für die Abnahme der Geschwindigkeit der Wassersättigung.

Aus Tab. 2 geht hervor, daß dieser Wert im Durchschnitt für alle erzfreien Gesteine (Alaskite, Andesittuffe, „Guschsaj"-Granodioritporphyre, Quarzmonzonitporphyre) 1,90 ist, während er in den Gesteinen, die die bauwürdige Vererzung umgeben (Quarzporphyroide und „rosa" Granodioritporphyre), zu 3,38 bestimmt wurde. Eine sehr schnelle Sättigung zeigen Andesittuffe und Alaskite, eine schnelle und durchschnittliche Sättigung dementsprechend die „Guschsaj"-Granodioritporphyre und die Quarzmonzonitporphyre. Die erzführenden Gesteine aber sättigen sich langsam (Granodioritporphyre) und sehr langsam (Quarzporphyroide, sie sind am stärksten erzführend) mit Wasser.

Folgerungen

1. Aus der Miskansker Überschiebung kommend, drangen im Prozeß der Bildung der trümerhaft eingesprengten Kupfererze der Lagerstätte Sary-Tscheku aufsteigende hydrothermale Lösungen durch verschiedene Eruptivgesteine mit unterschiedlicher Porosität hindurch. Die an der Basis des Profils liegenden Alaskite haben die geringste Porosität (das geringste Porenvolumen) (Tab. 1). Die darüberliegenden Andesittuffe unterscheiden sich in dieser Beziehung wenig von den Alaskiten, und in beiden Gesteinen hatten die aufsteigenden erzbildenden Lösungen eine etwa mittlere Geschwindigkeit.

Bei Eintreten in die Quarzporphyroide gerieten die Lösungen in ein Medium mit erheblich größerem Porenvolumen, und in Übereinstimmung mit dem BERNOULLIschen Prinzip mußte ihre Geschwindigkeit abnehmen. Die die Quarzporphyre überdeckenden flachen Intrusivlager des Quarzmonzonitporphyrs und der „Guschsaj"-Granodioritporphyre besitzen das kleinste Porenvolumen, und die Lösungen mußten darin erneut ihre Geschwindigkeit beschleunigen. Leider ist das Porenvolumen der metamorphosierten Dazittuffe über den Quarzporphyroiden nicht bekannt. Der Zusammensetzung nach zu urteilen, muß es zwischen den Werten für die Quarzporphyroide (metamorphosierten Liparittuffe) und den Werten für die Andesittuffe liegen. Daraus folgt, daß auch in diesen Gesteinen die Aufstiegsgeschwindigkeit der Lösungen erneut zunehmen mußte.

Mit anderen Worten: Auf der Bewegungsbahn der Lösungen bremsten die Quarzporphyroide deren Aufstiegsgeschwindigkeit. Innerhalb des Intrusivs der „rosa" Granodioritporphyre waren solche „hemmenden" Gesteine offensichtlich jene Bereiche der Granodioritporphyre, die aus Quarzporphyroiden entstanden waren, von denen Einschlüsse häufig in den Granodioritporphyren auftreten. In diesen Zonen beträgt das durchschnittliche Porenvolumen (nach sieben Bestimmungen) 4,94%. In den anderen Bereichen des Massivs weisen die „rosa" Granodioritporphyre andere Eigenschaften auf, und das mittlere Porenvolumen beträgt nur 3,94% (Mittel aus 15 Bestimmungen), liegt also um 20% niedriger. Die Werte des effektiven Porenvolumens sind dementsprechend 1,41 und 1,88%.

2. Die Analyse der Geschwindigkeit der freien Wassersättigung im Profil (Tab. 2) zeigt, daß in den darunterliegenden Alaskiten und Andesittuffen eine sehr schnelle Wassersättigung zu beobachten war.

Beim Eintritt in die Quarzporphyroide gerieten die Lösungen in ein Medium mit sehr langsamer Wassersättigung, was wiederum die Aufstiegsgeschwindigkeit der Lösungen vermindern mußte. In den darüberliegenden Dazitporphyren und in den intrusiven Lagern der Quarzmonzonitporphyre mit schneller Wassersättigung mußte sich nach denselben Überlegungen die Geschwindigkeit der Lösung erneut vergrößern.

Auch von dieser Seite her (Herabsetzung der Geschwindigkeit der Wassersättigung) hemmten also die Quarzporphyroide die Bewegung der Lösungen. Als die Lösungen in das Massiv der „rosa" Granodioritporphyre eindrangen, trafen sie auf dem Niveau der ehemaligen Quarzporphyroide einen solchen hemmenden Faktor an, da im Liegenden die durchschnittliche Wassersättigung (Mittel aus 15 Proben) den Wert von 0,55% hat, während in diesem Niveau der entsprechende Wert 0,89% ist (aus sieben Proben bestimmt). Dementsprechend betragen die Durchschnittsgrade der Hemmung der Wassersättigung 1,80 und 3,43. Leider konnten Verf. die „rosa" Granodioritporphyre, die über dem Niveau der Quarzporphyroide liegen, nicht untersuchen.

Tab. 1. Die Abhängigkeit des durchschnittlichen Kupfergehalts vom durchschnittlichen wahren und effektiven Porenvolumen, ferner von der mittleren Wassersättigung der unterdevonischen Eruptivgesteine in Sary-Tscheku

Bezeichnung der Gesteine	Zahl der Bestimmungen	Durchschnittliches Porenvolumen in %		Mittlere Wassersättigung in %	Durchschnittlicher Kupfergehalt in vereinbarten Einheiten
		wahres	effektives		
Alaskite	4	3,13	1,07	0,50	2,8
Andesittuffe	15	2,99	1,55	0,57	2,8
Quarzporphyroide (Liparittuffe)	18	5,26	2,45	1,04	17,6
„Rosa" Granodioritphorphyre	20	4,04	1,75	0,65	6,0
„Guschsaj"-Granodioritphorphyre	6	2,81	1,09	0,41	1,6
Quarzmonzonitporphyre	6	2,80	10,7	0,39	1,6

Tab. 2. Die Verteilung der untersuchten Proben nach Typen der Wassersättigungskurven

Bezeichnung der Gesteine	Zahl der untersuchten Proben	Verteilung der Proben nach den Typen der Wassersättigung				Durchschnittsgrad der Verzögerung der Wassersättigung	Relative Geschwindigkeit der Wassersättigung
		I	II	III	IV		
Alaskite	4	3	–	–	1	1,75	sehr schnell
Andesittuffe	16	8	6	2	–	1,02	sehr schnell
Quarzporphyroide (Liparittuffe)	24	2	2	–	20	3,51	sehr langsam
„Rosa" Granodioritporphyre	18	3	2	3	10	3,11	langsam
„Guschsaj"-Granodioritporphyre	5	2	2	–	1	2,00	schnell
Quarzmonzonitporphyre	7	2	–	4	1	2,57	mittel
Zusammen	74	20	12	9	33	2,74	

3. Bei einem Vergleich der Angaben von Tab. 1 und 2 ist zu erkennen, daß in typischen Eruptivgesteinen die Zunahme des Porenvolumens von einer Verlangsamung der Wassersättigung begleitet wird. Der mögliche Einfluß beider Faktoren kann sowohl hemmend als auch beschleunigend auf die Bewegungsgeschwindigkeit der Lösungen wirken. Die Zunahme des Porenvolumens bewirkt im Zusammenhang damit eine Herabsetzung der Geschwindigkeit der Lösung und führt zu einer innigeren Reaktion der Lösung mit den Gesteinen. Aus diesen Gründen wurde die bauwürdige Vererzung der Lagerstätte in den Quarzporphyroiden und in bestimmten Teilen der „rosa" Granodioritporphyre mit den gleichen Eigenschaften lokalisiert.

In den übrigen Eruptivgesteinen, durch die die Lösungen migrierten, erhöhten herabgesetztes Porenvolumen und beschleunigte Wassersättigung die Bewegungsgeschwindigkeit der Lösung und wirkten sich ungünstig auf die Erzabscheidung aus; in diesen Gesteinen entstanden keine bauwürdigen Akkumulationen.

4. Aus dem Gesagten geht hervor, daß die Bewegungsgeschwindigkeit der Lösungen in den Gesteinen ein ausgeprägter Faktor der Erzabscheidung ist, der bis jetzt noch nicht gebührend berücksichtigt wurde. Ferner ergibt sich daraus der Begriff der optimalen Geschwindigkeit. Eine zu hohe Geschwindigkeit führt dazu, daß die durch ein Gestein migrierende hydrothermale erzbildende Lösung nicht dazu kommt, in diesem Gestein Mineralien abzusetzen, obgleich sie eine erhebliche Masse erzbildender Substanz mit sich führt.

Optimal ist jene Bewegungsgeschwindigkeit der Lösung beim Durchfließen eines bestimmten Gesteins, bei der die gesamte, von der Lösung mitgeführte Erzsubstanz in diesem Bereich abgesetzt werden kann.

Eine zu geringe Fließgeschwindigkeit der Lösungen kann dazu führen, daß die Lösung fast nicht in ein bestimmtes Gestein eindringt. Das Gestein hat dann für die Erzbildung abschirmende Wirkung; es lenkt den Aufstieg der Lösung ab, verzögert ihn und zwingt die Lösung, mit günstigen durchlässigen Gesteinen, die unter den abschirmenden Gesteinen liegen, zu reagieren.

Abgesehen von der absoluten Größe des Druckes, der von der Bildungstiefe der Lagerstätte und der Durchlässigkeit der Gesteine abhängt, ist hierbei das Druckpotential von Bedeutung; dieses stellt die bewegende Kraft der Lösung dar und bestimmt ihre Bewegungsgeschwindigkeit im unterschiedlichen Medium, wobei die Platznahme der Vererzung unmittelbar beeinflußt wird. Verf. sind der Meinung, daß die in diesem Beitrag verwendeten experimentellen Unterlagen noch nicht für die Klärung des untersuchten Problems genügen; sie liefern nur indirekte Hinweise auf die relativen Schwankungen der Bewegungsgeschwindigkeit der Lösungen in den untersuchten Gesteinen.

Weitere Untersuchungen müssen in folgenden Richtungen durchgeführt werden:

1. vergleichende Untersuchung des Filtrationseffekts und der Durchlässigkeit der verschiedenen, das Erz umgebenden Gesteine;
2. Untersuchung von Form und Größe der Poren in diesen Gesteinen und speziell der Verhältnisse der Makro-, Mikro- und Ultraporosität;
3. Klärung der Beziehungen zwischen Klüftigkeit und Porenvolumen der Gesteine und ihres Einflusses auf die Durchlässigkeit und die Lokalisierung der Vererzung.

Die praktische Bedeutung der Untersuchungen besteht darin, daß die Kenntnis des Porenvolumens und der freien Wassersättigung, des Filtrationseffekts und der Durchlässigkeit verschiedener Gesteine von Erzfeldern die Möglichkeit gibt, ihr Verhalten zur Lokalisierung der Vererzung zuverlässiger zu bewerten und das Aufsuchen tiefliegender, nicht zutage ausgehender Erzkörper zu begründen.

Zusammenfassung

Verf. untersuchten die Bedeutung des Porenvolumens der Gesteine und die Geschwindigkeit, mit der die erzbildenden Lösungen durch die Gesteine hindurchwandern, für die hydrothermale Erzbildung. Auf der Grundlage einiger auf der Kupferlagerstätte Sary-Tscheku gewonnenen experimentellen Unterlagen gelangten sie zu dem Schluß, daß die Bewegungsgeschwindigkeit der Lösungen einen wichtigen, die Erzabscheidung beeinflussenden Faktor darstellt.

Резюме

Авторы исследовали значение пористости пород, а также значение скорости, с которой рудообразующие растворы просачиваются через породы, для гидротермального рудообразования. Основываясь на некоторых экспериментальных данных, полученных на медно-рудном месторождении Сары-Чеку, авторы пришли к выводу, что скорость движения растворов является важным фактором, влияющим на рудоотложение.

Summary

The importance of the pore volume of rocks and speed by which metallogenetic solutions migrate through rocks have been investigated by the authors for hydrothermal ore formation. Based on some experimental data obtained in the Sary-Tscheku copper deposit, they have come to the conclusion that the speed of motion of the solutions is an important factor influencing the separation of ores.

P. N. KROPOTKIN

Zur Frage der Zonalität in der Vererzung alter Faltengebiete[1]

Referiert von H.-J. TESCHKE, Berlin

Nahezu in allen Faltengebieten lassen sich charakteristische Vererzungszonen ausscheiden, die im Streichen mehr oder weniger deutlich mit den Faltenstrukturen des Untergrundes zusammenfallen. Darüber hinaus zeigen sich aber auch Beziehungen zwischen diesen Erzzonen und den petrochemischen Merkmalen entsprechender Intrusionen. Ein direkter Nachweis für den Einfluß petrochemischer, großtektonischer und lithologischer Faktoren auf die Lokalisierung mehrerer Vererzungszonen gelang S. S. SMIRNOW im östlichen Transbaikalgebiet. Untersuchungen in Kasachstan und in einer Reihe anderer tief erodierter paläozoischer und präkambrischer Faltengebiete brachten ähnliche Ergebnisse.

Sieht man von Einzelheiten ab, so lassen sich die Erzzonen der genannten Gebiete auf zwei Haupttypen zurückführen: auf eine kupferführende Innenzone und eine zinnführende Außenzone.

Zum ersten Typ gehören hydrothermale Gold- und Kupfervererzungen, häufig in Verbindung mit Polymetallen und Magnetiten. In der Regel sind granodioritische Intrusionen am weitesten verbreitet, die nach außen häufig in Diorite übergehen. Bedingt durch den unterschiedlichen Erosionsanschnitt lassen sich bisweilen im Streichen gewisse Abweichungen beobachten.

Für den zweiten Typ sind beispielhaft die Zinn- und Zinn-Wolfram-Vererzungen der Kalbinsker Zone Kasachstans sowie die Zinnzone des östlichen Transbaikalgebiets. Bei genügend tiefem Erosionsanschnitt tauchen ganze „Ketten" normaler und leukokrater Granite mit relativ hohem Tonerde- und Alkaligehalt auf. Die zinnführenden Granite dieser Zonen sind gewöhnlich in tonige und sandig-tonige Sedimentserien intrudiert.

Die Untersuchung der Ursachen erfolgt im wesentlichen nach zwei Richtungen. Einmal wird die chemische Zusammensetzung der Ausgangsintrusion als Hauptgrund für die Vererzung angesehen; sie wird entweder mit dem Entwicklungsprozeß eines tiefliegenden Magmenherdes oder mit der Entwicklung unweit von der Lagerstätte gelegener Intrusiva in Zusammenhang gebracht. Demgegenüber schreibt die zweite Richtung strukturellen Faktoren — Bruchstörungen, Falten, Antiklinorien und Synklinorien — die ausschließliche bzw. entscheidende Bedeutung für die Anordnung der Vererzung zu. Diese extrem geometrische bzw. mechanische Betrachtungsweise fand durch die Arbeiten von SPURR über erzführende Tiefenbrüche auch in der Sowjetunion neue Anhänger, obwohl erzgeologische Untersuchungen in Zentralkasachstan keinen Nachweis für einen unmittelbaren Zusammenhang zwischen Vererzung und Tiefenbrüchen erbracht haben. Die Vorstellung von sog. Erzzuführungskanälen erklärt weder die komplizierte zonale Vererzung in Faltengebieten noch die metallogenetischen Unterschiede paralleler Zonen. Noch größere Unsicherheit herrscht dort, wo die Vererzung mit Faltenstrukturen in Zusammenhang gebracht wird. Falten können bei der Lokalisierung einer Vererzung unter gewissen Voraussetzungen von Bedeutung sein. F. I. WOLFSON, L. I. LUKIN, W. H. NEWHOUSE haben das nachgewiesen. Entscheidend sind die Falten jedoch sicher nicht.

Die Ausführungen bedeuten aber nicht, daß tektonischen Faktoren bei der Anordnung von Lagerstätten keine Bedeutung zukäme. Ihr Einfluß ist vielmehr allgemeinerer Art. Tektonisch bestimmt ist z. B. die allgemeine zonale Anordnung von Intrusivkomplexen, wie etwa das Auftreten von Serpentinzonen mit deren charakteristischen primären Erzführung im Bereich großer Bruchstörungen oder Antiklinalstrukturen. Ferner sind durch die Tektonik bestimmt der allgemeine Charakter und die räumliche Verteilung sedimentärer und vulkanogener Formationen, deren Assimilation ebenso wie die kalkiger Gesteine die Zusammensetzung saurer Magmen und somit deren metallogenetische Besonderheiten beeinflußt. Demgegenüber hat sich ein unmittelbarer Einfluß tektonischer Faktoren auf die Lokalisierung von Erzzonen und -lagerstätten nur in Zerrüttungszonen, kleineren Störungen oder einzelnen Faltenstrukturen nachweisen lassen.

Die Bedeutung der chemischen Zusammensetzung eines Magmas für die Lagerstättenbildung kann nach den Arbeiten von BOGDANOWITSCH, BUDDINGTON, FERSMAN, GROUT, NIGGLI, WERNICKE u. a. heute nicht mehr bezweifelt werden. Interessant sind in diesem Zusammenhang Untersuchungen von S. S. SMIRNOW (1946), der in der sog. Pazifischen Erzzone eine küstennähere Zone basischer (z. T. auch ultrabasischer) Magmatite mit Kupfer, Silber und Gold und eine küstenfernere Zone saurer Gesteine mit Zinn- bzw. Wolframlagerstätten ausschied. In seiner Monographie über die Erzlagerstätten des östlichen Transbaikalgebiets nennt SMIRNOW (1936) u. a. die Assimilation karbonatischer Gesteine als möglichen Grund für die Unterschiede in der Metallführung dieses Gebietes.

J. A. BILIBIN (1948) bringt die lineare Zonalität in der Verteilung von Erzlagerstätten mit der tektonischen Stellung von Intrusionen in Zusammenhang, die bestimmten Entwicklungsetappen eines tiefliegenden Magmenherdes entsprechen. Vergleicht man jedoch dieses sehr idealisierte Entwicklungsschema mit den jüngsten Ergebnissen in den fernöstlichen Gebieten und in Kasachstan, so zeigt sich, daß es nur in sehr allgemeinen Zügen Gültigkeit hat. So ist z. B. die goldführende Kies-Baryt-Formation, die BILIBIN als typisch für die letzte Entwicklungsetappe von Geosynklinalen ansieht, auch in der mittleren Entwicklungsetappe weit verbreitet (u. a. Alatau, Ural).

In den letzten fünfzehn Jahren haben führende Petrographen die Bedeutung der Assimilationsvorgänge bei der Granitentstehung immer mehr in den Vordergrund gerückt. Es liegt nahe, daß diese Vorgänge nicht nur den petrochemischen Habitus, sondern auch den Gehalt an Erzkomponenten, d. h. die Metallführung der entsprechenden Magmen, maßgebend beeinflussen.

Einige Hinweise in dieser Richtung finden wir u. a. bereits bei FERSMAN (1939), der auf den Einfluß der von einem Granit aufgenommenen Gesteine auf den p_H-Wert des Magmas in Kontaktnähe aufmerksam macht. Assi-

[1] Aus: „Sowjetskaja geologija", Nr. 43, S. 43–60, Moskau 1955

milation von Karbonatgesteinen führt — nach Meinung FERSMANs — zu einer Erhöhung des p_H-Wertes und begünstigt eine Abwanderung von Eisenoxyden in das Nebengestein, so daß es im karbonatischen Nebengestein sowie in Skarnen am Kontakt zwischen Graniten und Alkaligesteinen zu einer Magnetitkonzentration kommen kann. Die Aufnahme toniger Gesteine und Schiefer setzt dagegen den p_H-Wert herab und ermöglicht eine Anreicherung von TiO_2, SnO_2, WO_3 aus den sauren Lösungen (Zinn- und Wolframgänge).

P. N. KROPOTKIN gelangte durch entsprechende Untersuchungen in verschiedenen Faltengebieten der Sowjetunion zu dem Ergebnis, daß Zonen mit Sulfid- und Goldvererzung räumlich recht oft mit solchen Zonen zusammenfallen, in denen saure Magmen basische bzw. ultrabasische Magmatite einschließlich deren Metalle assimiliert haben und zu Granodioriten, Dioriten und anderen hybriden Gesteinen geworden sind.

Der Einfluß des Nebengesteins und des assimilierten Materials auf das Magma und die Vererzung ist dort am augenfälligsten, wo karbonatische Gesteine von einer granitischen Schmelze aufgenommen werden und charakteristische Skarnvererzungen entstehen. In der Sowjetunion hat sich vor allen Dingen Ch. M. ABDULLAJEW (1950) mit diesen Fragen beschäftigt. Auch J. D. GOTMAN (1953) hat den Einfluß der Assimilation auf die Differentiation und die Abspaltung von Erzlösungen in sauren und basischen Magmen eingehend untersucht. Besondere Aufmerksamkeit widmete er dabei dem Zusammenhang zwischen Sulfid-Kassiterit-Lagerstätten und hybriden Gesteinen (Granodiorite, Monzonite u. a.). Ähnliche Gedanken über die Bedeutung der Assimilation für die Metallführung finden wir bei SULLIVAN (1948), der zwischen Goldlagerstätten Westaustraliens und Grünsteinzonen, in die Granite intrudierten, bestimmte Beziehungen annimmt. Die Genese der Gold-, Kupfer-, Blei- und Zinklagerstätten sieht SULLIVAN als Ergebnis einer Granitisierung und einer Anreicherung des sauren Magmas mit siderophilen und chalkophilen Elementen an, die in den aufgenommenen basischen Ergußgesteinen in großer Menge enthalten sind. A. BRAMMALL konnte in Graniten aus England nachweisen, daß der anomal hohe Gehalt an Au und Ag sowie an Co, Ni, Cr, Pb in hybriden Gesteinen auf assimilierte Diabase zurückzuführen sei. A. LOCKE, P. BILLINGSLEY & E. B. MAYO (1940) kamen durch Kartierungsarbeiten im Gebiete der Sierra Nevada zu dem Ergebnis, daß hier die randlichen Gebiete von Granitmassiven metamorpher Entstehung seien. Gleichzeitig fiel auf, daß bei der Granitisierung am Rande eines Granitmassivs erhalten gebliebene metamorphe Schiefer Spuren aller für dieses Gebiet charakteristischen Metalle enthalten. Die Autoren glauben, daß das Metall bei der Metamorphose und Granitisierung aus den eigentlichen granitisierten Gesteinen zu den Rändern gewandert und dort verblieben ist. Auch für den kanadischen Schild sind seit langem Beziehungen zwischen magmatogenen Erzlagerstätten und präkambrischen, von Graniten intrudierten Grünsteinen (basische Effusiva der Keewatin-Serie, des Keweenawan u. a.) bekannt.

D. GUIMARAES, der Autor mehrerer Arbeiten über Erzlagerstätten des Brasilianischen Schildes, entwickelte eine Theorie über die Migration von Elementen, die mit den bekannten Vorstellungen über Erzkontaminationen viel Ähnlichkeit hat, die jedoch auf extremsten „transformistischen" Voraussetzungen beruht.

Die metallogenetischen Arbeiten der strukturell-geochemischen Richtung lassen erkennen, daß die Frage einer zonalen oder linearen Anordnung der Vererzung nur dann zu lösen ist, wenn die Zusammenhänge zwischen der Vererzung einerseits und den Intrusionen mit bestimmtem petrochemischem Habitus andererseits berücksichtigt werden. Seit langem sind die Beziehungen zwischen Chrom, Nickel, Platin, Titanmagnetit und z. T. Sulfiden und basischen Intrusiva sowie zwischen Zinn-Wolfram und normalen bzw. leukokraten Graniten bekannt. Das steht auch in vollem Einklang mit der CLARKE-Zahl der genannten Elemente in ultrabasischen, basischen und sauren Magmen und kann als Ausdruck für die primären metallogenetischen Eigenschaften des Magmas gewertet werden. Daneben sind aber auch Beziehungen zu sauren und intermediären Gesteinen zu beobachten, die nicht mehr so leicht zu erklären sind, wie etwa die eingangs erwähnten Gold- und Kupferlagerstätten Kasachstans oder die Beziehungen zwischen Gold und Dioriten in der Randfazies von Intrusionen bzw. zwischen Gold und kleineren hybriden Dioritintrusionen. Andererseits sind die Goldlagerstätten Nordkasachstans entweder an basische Vulkanite unweit eines Intrusivkontaktes oder an den Kontaktbereich zwischen sauren Intrusionen und basischen effusivtuffogenen Serien geknüpft, häufig treten sie aber auch innerhalb einer solchen Serie unweit vom Kontakt auf. Das trifft auch für eine Reihe von Kupferlagerstätten, für Kupfer-Turmalin-Gänge mit Goldführung sowie für einige Magnetitlagerstätten zu (Bajanaul). Zusammenhänge zwischen der Metallogenie des Goldes und häufig hybriden Dioriten bzw. Granodioriten sind auch außerhalb der Sowjetunion durch zahlreiche Beispiele belegt.

Diese nachgewiesenen Beziehungen zwischen Vererzung und Assimilationsvorgängen lassen vermuten, daß ähnliche petrochemische Vorgänge auch die Metallführung saurer Magmen, d. h. deren sekundäre metallogenetische Besonderheiten, beeinflussen. Günstige Faktoren für die Lagerstättenbildung sind einerseits die veränderte Azidität eines hybriden Magmas, andererseits die Anreicherung des Magmas mit Gold und Sulfiden, aber auch mit solchen Eisenoxyden, die nicht an ein Silikatmolekül gebunden sind und deshalb leichter migrieren können. Diese Annahme einer Erzkontamination ist dann zulässig, wenn der wesentlich höhere Gehalt an chalkophilen Elementen und freien Eisenoxyden in den basischen Gesteinen gegenüber den Graniten nachgewiesen ist. Viele chalkophile Elemente sind in effusiven und intrusiven Basiten tatsächlich wesentlich höher konzentriert; bei den sog. siderophilen Elementen Chrom, Nickel, Kobalt und den Metallen der Platingruppe sind diese Beziehungen noch schärfer ausgeprägt. So liegt die CLARKE-Zahl für Chrom und Nickel in Basiten um einige Zehnerpotenzen höher, in Ultrabasiten sogar um das hundert- bis tausendfache höher als in den sauren Gesteinen bzw. in der Erdkruste insgesamt.

Da mit den Derivaten saurer Magmen solche freien Eisenoxyde leichter abgezogen werden können, die leicht Verbindungen vom Typ der Chloride, Fluoride u. a. eingehen, kommt dem Gehalt nichtsilikatischen Eisens in basischen und sauren Gesteinen ein besonderes Interesse zu. Dabei zeigt sich, daß der Gehalt des im Magnetit, Hämatit und Ilmenit enthaltenen nichtsilikatischen Eisens in basischen Gesteinen wesentlich höher liegt als in normalen Graniten. Nach I. A. OSTROWSKI,

P. RAMDOHR u. a. ist in sauren leukokraten Graniten der Magnetit- und Ilmenitgehalt geringer als in Granodioriten; manche Granite enthalten überhaupt keinen Magnetit. Untersuchungen in Kasachstan haben gezeigt, daß in Dioriten, die durch Assimilation altpaläozoischer Tuffe und Porphyrite entstanden sind, der Gehalt an Sulfiden und an Magnetit erheblich höher liegt als in Graniten. In derartigen Gesteinen sind also auch viel eher Lagerstätten zu erwarten.

Im Gegensatz zu der vorher erwähnten Gold-, Kupfer- und Polymetallvererzung sind die Zinn- und Wolframvorkommen häufig gewöhnlichen kali- und tonerdereichen leukokraten oder normalen Graniten zugeordnet. Derart sind z. B. in Zentralkasachstan die zinn- und wolframführenden Intrusionen des Kalbinsker Gebirges und des Saryssa-Beckens, die in metamorphosierte Gesteine ursprünglich toniger oder sandig-toniger Zusammensetzung eingedrungen sind. Gleiche geologische Verhältnisse werden auch aus anderen tief erodierten zinnführenden Gebieten (nordöstliches Sibirien, Transbaikalgebiet u. a.) beschrieben. A. P. NIKOLSKI versuchte, die Zinnführung dieser Granite durch direkte Assimilationsanreicherung aus dem aufgenommenen sandig-tonigen Material zu erklären. Dem ist aber entgegenzuhalten, daß die CLARKE-Zahl des Zinns in Graniten und Sedimentgesteinen von der gleichen Größenordnung ist, so daß auf eine direkte Anreicherung allgemein nicht gefolgert werden darf. Eher ist daran zu denken, daß die Aufnahme tonerde- und alkalireichen Materials im Gegensatz zur Aufnahme von Karbonaten oder basischen Gesteinen jenen Differentiationsablauf ermöglicht, der zur Bildung pegmatitischer und pneumatolytischer Restschmelzen sowie hochtemperierter pneumatolytischer Granitderivate mit Zinn führt. Wenn also von primären und sekundären (Assimilation) metallogenetischen Eigenschaften saurer Magmen gesprochen und der Einfluß der Assimilation auf den Differentiationsvorgang anerkannt wird, so müssen die Erscheinungen der sog. Assimilationsanreicherung wesentlich schärfer definiert und abgegrenzt werden, als es bisher getan wurde.

Literatur

ABDULLAJEW, CH. M.: Die genetischen Beziehungen zwischen Vererzung und Intrusionen. — Verl. Akad. Wiss. Usbek. SSR, 1950.
BILIBIN, J. A.: Fragen der metallogenetischen Entwicklung von Geosynklinalzonen. — Isw. AN SSSR, Ser. Geol., Nr. 4, 1948.
FERSMAN, A. E.: Geochemische und mineralogische Prospektionsmethoden nutzbarer Bodenschätze. — Verl. Akad. Wiss. UdSSR, 1939.
GOTMAN, J. D.: Über die Rolle des Nebengesteins bei der Bildung magmatogener Lagerstätten. — Isw. AN SSSR, Ser. Geol., Nr. 2, 1953.
LOCKE, A., P. BILLINGSLEY & E. B. MAYO: Sierra Nevada tectonic pattern. — Bull. Geol. Society of America, **51**, Nr. 4 (1940).
SMIRNOW, S. S.: Schema der Metallogenie des östlichen Transbaikalgebietes. — Sowjetskaja geologija, Nr. 10, 1936.
— Über die pazifische Erzzone. — Isw. AN SSSR, Ser. Geol., Nr. 2, 1946.
SULLIVAN, C. J.: Ore and Granitization. — Economic Geology, **43**, Nr. 6 (1948).

A. JA. KRYLOW

Die Verbreitung von Uran und Thorium in einigen Intrusionen des Tienschan[1])

Referiert von WOLFGANG BEYER, Schneeberg

Der Autor beschreibt einige Untersuchungen über die Verbreitung von Uran und Thorium in fünf alaskitischen Graniten kaledonischen Alters im Tienschan. Diese Granite zeigen eine identische petrographische und chemische Zusammensetzung. Sie gehen möglicherweise auf ein Stamm-Magma zurück. Die Untersuchungen ergaben, daß die Verbreitung von Uran und Thorium in diesen Granitmassiven vom Strukturtyp, vom Erosionsanschnitt und vom Einfluß postmagmatischer Prozesse abhängen.

Uran und Thorium sind in den Granitmassiven ungleichmäßig verbreitet. In den Graniten von Terski Ala-tau beobachtet man praktisch ein radioaktives Gleichgewicht. In ihnen kann man die Uran- und Thoriumgehalte mit der radiochemischen Analyse bestimmen.

In den übrigen Granitmassiven herrscht in der Regel eine Zonalität in der Verbreitung von Uran. Die U-Gehalte erhöhen sich vom Zentrum des Massivs nach der Peripherie und erreichen in der unmittelbaren Kontaktzone ein Maximum. Während der Aufschmelzung der Kontaktgesteine und im postmagmatischen Stadium drang Uran in die Nebengesteine und bildete dort im unmittelbaren Kontaktbereich größere Anreicherungen (Tab.). In schnell auskristallisierenden gangförmigen Intrusionen sind solche Gesetzmäßigkeiten nicht vorhanden. In tiefangeschnittenen Batholithen sind sie weniger klar erkennbar. Folglich können verschiedene Granitmassive der gleichen Intrusionsphase in Abhängigkeit von der Erosionstiefe und dem Auftreten autometamorpher und postmagmatischer Prozesse unterschiedliche Radioaktivität aufweisen. Das ist beim Vergleich von Graniten verschiedener „Zyklen" und „Phasen" von Bedeutung.

Thorium ist im Inneren der Granitmassive weniger gesetzmäßig verbreitet. Im unmittelbaren Kontakt-

Werte der Uran- und Thoriumanreicherungen

Intrusionen und Zonen	U 10^{-4} %	Th 10^{-3} %	$\frac{Th}{U}$	Zahl der Proben
Kereg-Tasch				
Zentrum, wenig veränderter Granit	7.4	3,6	4,9	10
Peripherie, vergreister Granit	11,2	2,8	2,5	10
unmittelbarer Kontakt	14,4	3,0	2,1	10
Nördl. Terski Ala-tau				
Mittel für den zentralen Teil des Massivs	5,6	2,5	4,5	80
unmittelbarer Kontakt	8,6	2,2	2,6	20
Alabasch				
Zentrum des Massivs	4,4	2,2	5,0	10
Peripherie	5,3	1,6	3,0	20
postmagmatisch veränderter Granit	16,2	1,5	0,9	10
Sary-Bulak				
Zentrum	3,8	4,0	10,5	40
Peripherie	6,3	4,4	7,0	60
Endokontakt (mittelkörn. Granit)	12,0	3,0	2,5	40
Nebengesteine	8,8	1,1	1,2	80
Nebengesteine; weitere Entfernung vom Kontakt	7,4	1.6	2,2	60

[1]) Aus: „Isw. Akad. Nauk SSSR", Serie Geol., Nr. 11, 1959

bereich bildet es nur selten erhöhte Konzentrationen, migriert auch nicht in die Nebengesteine.

In allen beobachteten Fällen migrierte Thorium fast ausschließlich im eigentlichen magmatischen Stadium der Entstehung der Intrusionen. Eine geringe Zufuhr und Neuverteilung fand im Stadium der pneumatolytischen Phase (zeitlich bis zur Vergreisung) statt. Uran besitzt hingegen in der Zeit der Entstehung des Plutons eine große Beweglichkeit. Seine Zufuhr und Neuverteilung ist ein lang andauernder und mit kurzen Intervallen vor sich gehender Prozeß. Außer der Zufuhr mit dem Magma wurde Uran mit den zirkulierenden, magmatischen Lösungen im autometamorphen Stadium abgelagert und in postmagmatischen Prozessen bei verschiedener Temperatur umgelagert.

Im Zusammenhang damit beobachtet man in den Graniten manchmal Generationen akzessorischer Mineralien, die unterschiedliche Mengen Uran enthalten, wobei die später ausgeschiedenen oft radioaktiver sind. Bei Thorium-Mineralien der späten Generation bemerkt man mitunter eine Verdrängung von Orthit und Monazit durch Thorit.

Die zahlenmäßig berechnete Beweglichkeit und Fähigkeit zur Dispersion von Uran und Thorium ist eine relative Größe des Th/U-Verhältnisses und der Beziehungen ihrer Variationskoeffizienten mit den Gehalten v. Das Th/U-Verhältnis im unmittelbaren Kontaktbereich und in Gesteinen, die durch postmagmatische Prozesse verändert wurden, ist verhältnismäßig niedrig, aber trotzdem ist $v_U > v_{Th}$. In wenig veränderten Graniten und in den zentralen Teilen der Massive ist $v_{Th} > v_U$ und das Th/U-Verhältnis relativ hoch. Diese Beziehungen können anscheinend dadurch erklärt werden, daß im Moment der primären Kristallisation Uran gleichmäßiger als Thorium in die gesteinsbildenden Mineralien eindringt und während der postmagmatischen Prozesse Uran beweglicher als Thorium ist.

Der Autor ist der Meinung, daß eine stufenweise Beprobung der Granite unzweckmäßig ist, und hat den jeweiligen Massiven nur Sammelproben entnommen. Die Zahl der Proben wird durch den Variationskoeffizienten von Uran und Thorium und die Genauigkeit der Probenahme bestimmt.

Die sowjetischen Geologen konnten bereits auch in anderen Granitmassiven der UdSSR die in dieser Arbeit beschriebenen Gesetzmäßigkeiten in der Verbreitung von Uran und Thorium feststellen.

Zur Methode der paläotektonischen Analyse von Mächtigkeiten sedimentärer Gesteine auf Tafeln[1)]

W. B. NEUMAN, Moskau

Da die Leser der „Zeitschrift für angewandte Geologie" bereits eine Reihe neuer, vom Verfasser vorgeschlagener graphischer Verfahren der paläotektonischen Analyse kennengelernt haben (1959), hielt Verf. es für seine Pflicht, diese Kenntnis durch die Beschreibung anderer Methoden zu ergänzen. Wenn auch diese genannten Verfahren bis zu einem gewissen Grade bekannt sein mögen, so wurden sie doch in der wissenschaftlichen Literatur noch nicht speziell systematisiert und analysiert.

1. Schemata gleicher Mächtigkeiten (Isopachenschemata) und Methoden ihrer Anfertigung

Als Schema gleicher Mächtigkeiten bezeichnet man eine graphische Darstellung, auf der in Isolinien die Charakteristik der räumlichen Veränderlichkeit der Mächtigkeiten eines Horizontes gezeigt wird. Zur besseren Veranschaulichung solcher Darstellungen sind die Bereiche geringer Mächtigkeiten zu schraffieren[2)].

Je nach der Kombination der Isopachenschemata kann man unterschiedliche Ergebnisse erhalten. Gut verfolgen läßt sich das am Beispiel der Analyse des sogenannten „Dreiecks der Isopachenschemata", die im Jahre 1952 von den Mitarbeitern des WNIGNI (Moskau) J. A. KARAWASCHKINA und J. N. PERMJAKOW vorgenommen wurde. Dieses „Dreieck" entstand aus der Notwendigkeit heraus, die Entwicklung einer Reihe erdölgeologisch wichtiger Horizonte in Zeit und Raum zu verfolgen.

Zur Darstellung jedes einzelnen Horizontes wird bei dieser Konstruktion eine horizontale Reihe von Isopachenschemata gezeichnet. Die älteren Etappen werden dabei links, die jüngeren rechts so dargestellt, daß jede Reihe, nach dem Vorschlag des Verfassers, mit dem heutigen Strukturplan jedes Horizontes abgeschlossen wird. Je jünger ein Horizont ist, desto höher im Dreieck liegt er, und zwar so, daß die Kärtchen, welche die gleichzeitigen Bildungsetappen verschiedener Horizonte kennzeichnen, eine unter der anderen liegen und eine Säule bilden. Da jeder darüberliegende Horizont seine Entwicklung um eine Etappe später beginnt, ist er links um ein Kärtchen kürzer.

Das am weitesten links befindliche Kärtchen zeigt die in Isolinien dargestellte Mächtigkeit von der Unterkante eines gegebenen Horizonts zur Unterkante des darüber befindlichen Horizonts. Alle übrigen Kärtchen der Reihe, außer den am weitesten rechts befindlichen, ergeben sich durch Summierung dieser Ausgangsschemata untereinander, die als elementare Isopachen bezeichnet werden (im Gegensatz zu den übrigen Summenisopachen). Bei der Summierung muß man lediglich beachten, daß sich jedes Schema aus den weiter links befindlichen Kärtchen ergibt, indem wir dazu die Werte der Mächtigkeiten hinzufügen, die im oberen Isopachenkärtchen jeder Säule vorliegen, deren Isopachenschema wir erhalten wollen. Wenn wir z. B. das Kärtchen c auf Abbildung 1 erhalten wollen, müssen wir die Mächtigkeiten von Kärtchen d und b addieren.

Die erwähnte Abbildung demonstriert anschaulich, daß bei der Bildung der Struktur in den einzelnen Horizonten wesentliche Unterschiede vorliegen. Die stärkste Spur der früheren Entwicklungsetappen verblieb natürlich beim unteren Horizont, der sich länger entwickelte (Unterkante des Alb); in erheblich geringerem Maße ist das dann bei einem höheren Horizont (Unterkante des Santon) zu verzeichnen.

---

1) Eingang des Manuskripts in der Redaktion: 26. 4. 1961. — Deutsche Übersetzung des Originalbeitrages: W. OESTREICH.

2) Hierzu rechnen wir Gebiete, in denen die Mächtigkeiten eines gegebenen Horizontes geringer sind als das arithmetische Mittel aus den Extremwerten des betreffenden Horizontes.

Abb. 1. Konstruktion eines Isopachendreiecks am Beispiel der Hebung von Promyslowka im östlichen Teil des KARPINSKIschen Walls

Isopachen alle 20 m; a – Lage der Unterkante von N_2ak_b in der Gegenwart, b – Lage der Unterkante von Cr_2snt zu Beginn von N_2ak_b, c – Lage der Unterkante von Cr_2snt in der Gegenwart, d – Lage der Unterkante von Cr_1alb zu Beginn von Cr_2snt, e – Lage der Unterkante von Cr_1alb zu Beginn von N_2ak_b, f – Lage der Unterkante von Cr_1alb in der Gegenwart. Anmerkung: Die relativ gehobenen Bereiche der Strukturen sind schraffiert.

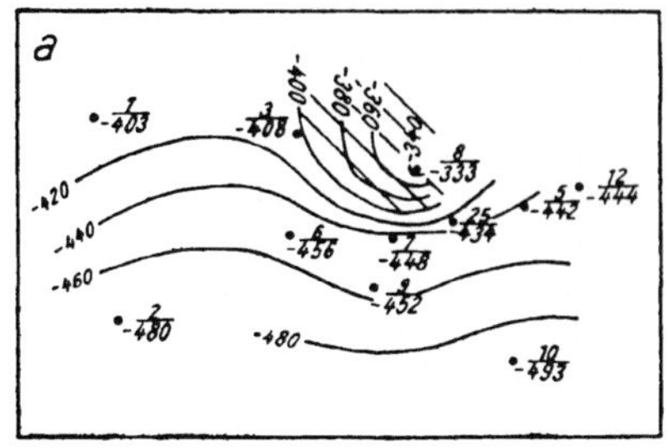

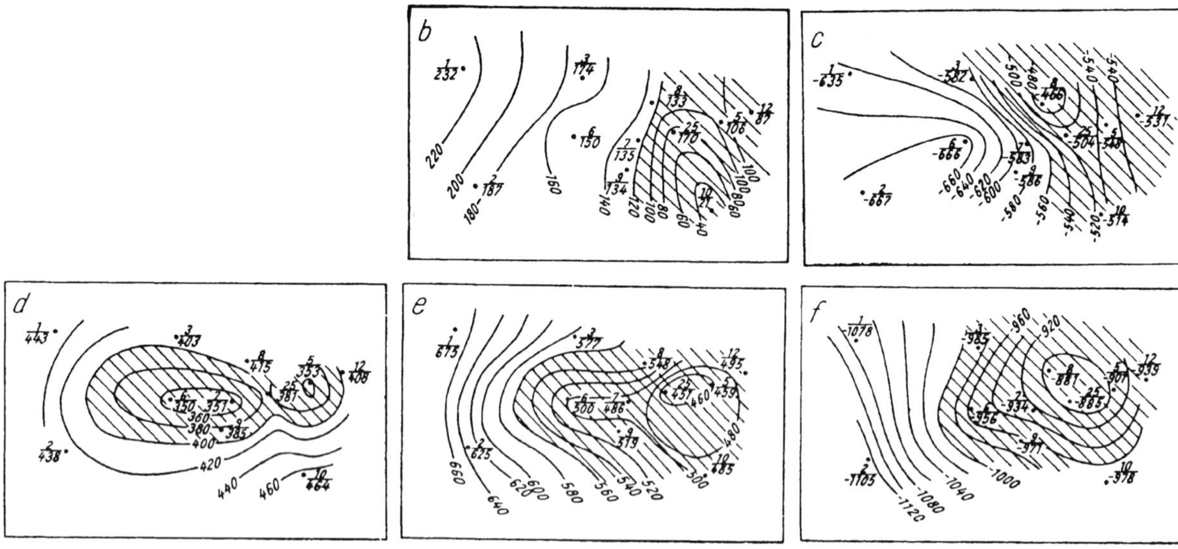

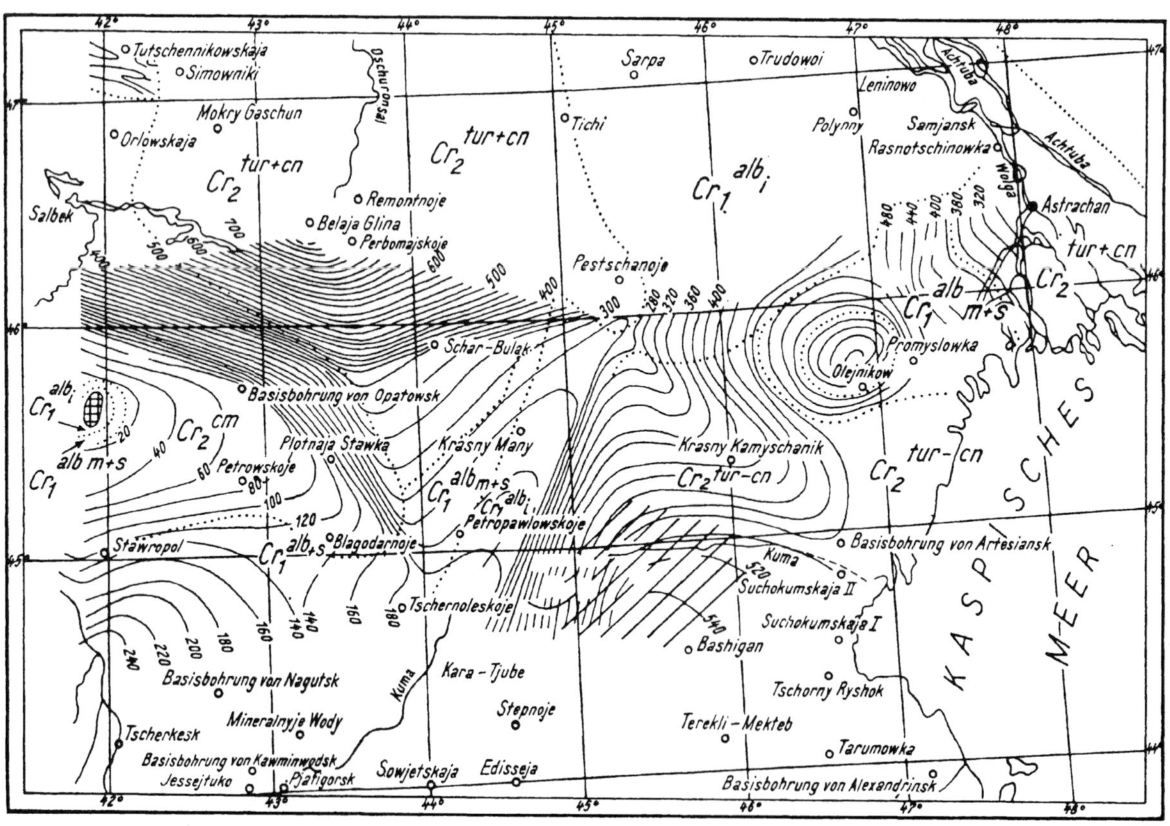

Abb. 2. Paläogeologisch-tektonische Karte des östliches Kaukasusvorlandes zu Beginn des Santon

1 – Isolinien der Mächtigkeiten von der Unterkante des Apt bis zur Unterkante des Santon. Unter dem Santon streichen aus: 2 – das gefaltete Fundament, Cr_1alb_i – Unteres Alb, Cr_1alb_{m+} – Mittleres und Oberes Alb, Cr_2cm – Cenoman, $Cr_2tur+cn$ – Turon und Coniac

Während die Unterkante des Alb ihre Struktur fast nicht veränderte, bildete die Unterkante des Santon in der Mitte des Aktschagyl eine Kuppel, die viel weiter südlich als die heutige lag.

Jede horizontale Reihe des Dreiecks vermag auch eine selbständige Rolle zu spielen; sie stellt die Entwicklung eines einheitlichen Horizonts dar. Wenn man aber die elementaren Isopachenschemata in einer Reihe konstruiert (die linken Kärtchen aller Reihen des „Dreiecks"), so erhält man die Möglichkeit, die Entwicklung der tektonischen Differentialbewegungen in einer fortlaufenden Reihe der Horizonte zu verfolgen. Diese beiden Verfahren der paläotektonischen Analyse existierten daher einzeln, lange vor der Entwicklung der Methode des Isopachendreiecks. Sie bedingen im Vergleich zum Dreieck einen geringeren Arbeitsaufwand, dafür bringen sie aber die paläotektonischen Prozesse nicht derart umfassend zur Darstellung, wie das bei der von uns beschriebenen Methode der Fall ist.

Die obenangeführten Methoden eröffnen die Möglichkeit, das allgemeine Entstehungsbild der Strukturen aufzudecken. Um jedoch die Zahl der Kärtchen in den Schemata auf ein Minimum zu reduzieren, wodurch neben einem Zeitgewinn die Anschaulichkeit erhöht wird, sollte man das in einem anderen Aufsatz des Verfassers beschriebene „Diagramm (Schaubild) der Extremunterschiede" (1959) benutzen.

Von den Mängeln der Isopachenschemata ist besonders der hervorzuheben, daß es schwierig ist, an ihnen die quantitative Seite der tektonischen Erscheinungen zu studieren, wie die Steilheit des Abfalls der Paläostrukturen, die Intensität der Vorgänge, die energetische Seite der tektonischen Vorgänge usw. Außerdem ist bei diesen Konstruktionen die gleichzeitige Darstellung von Erscheinungen, die verschiedene Maßstäbe besitzen, recht schwierig[3]).

2. Paläogeologische und paläogeologisch-tektonische Karten

Paläogeologische Karten sind geologische Karten, die sich auf vergangene Epochen beziehen. Hierbei werden gewöhnlich solche Oberflächen zur Darstellung gebracht, die sich unmittelbar unter einer diskordant darüberliegenden Folge befinden.

Dank dieser Karten können wir den Grad der Hebung der einzelnen Teile eines Territoriums für den Zeitpunkt einschätzen, welcher der Überdeckung dieser Schichten durch die darüberliegende Folge unmittelbar vorausging: Je bedeutender die Hebung ist, desto ältere Folgen liegen unter der Diskordanz.

Unter Berücksichtigung der Mächtigkeiten der dargestellten Horizonte können wir für jeden einzelnen Abschnitt eine ungefähre quantitative Charakteristik des Betrages der Hebung geben, obgleich genaue Zahlenangaben hier natürlich unmöglich sind.

Infolge des Umstandes, daß die in einer vorhergehenden Etappe akkumulierten Serien erodiert wurden, hält es Verf. für zweckmäßig (W. B. NEUMAN 1957), die paläogeologischen Karten mit dem Isopachenschema einer unterlagernden Folge zu kombinieren, wobei er die letzte unter der folgenden Diskordanzfläche verwendete.

[3]) Zur Beseitigung dieses Mangels sollte man bei regionalen Isopachenschemata, anstelle der Darstellung der lokalen Strukturen in Form von Kreisen entsprechender Abmessungen, die sogenannten „Extremunterschiede der Mächtigkeiten" (1959) eines gegebenen Horizonts innerhalb der lokalen Struktur eintragen, da diese Differenz das Wesen der tektonischen Differentialbewegung innerhalb der lokalen Strukturen gut erkennen läßt und ein Vergleich mit der gesamten Paläostruktur sehr fruchtbringend sein kann.

So entstanden paläogeologisch-tektonische Schemata (Abb. 2). Jedes derartige Schema gibt die Möglichkeit, im regionalen Plan die gesamte Etappe der tektonischen Entwicklung in ihrer ganzen Widersprüchlichkeit darzustellen.

3. Ausgleichsprofile

Auf Vorschlag von N. N. TICHONOWITSCH & J. A. KUDINOWA (WNIGNI) begann man in den Nachkriegsjahren (1948—1949) mit der Anwendung von Ausgleichsprofilen. Es handelt sich dabei ebenfalls um Schemata, auf denen die ausgeglichene (horizontal liegende) Oberkante der in einer gegebenen Zeitetappe höchsten Folge dargestellt ist; alle darunterliegenden Horizonte werden unten angeschlossen, entsprechend den Angaben über ihre Mächtigkeit (Abb. 3).

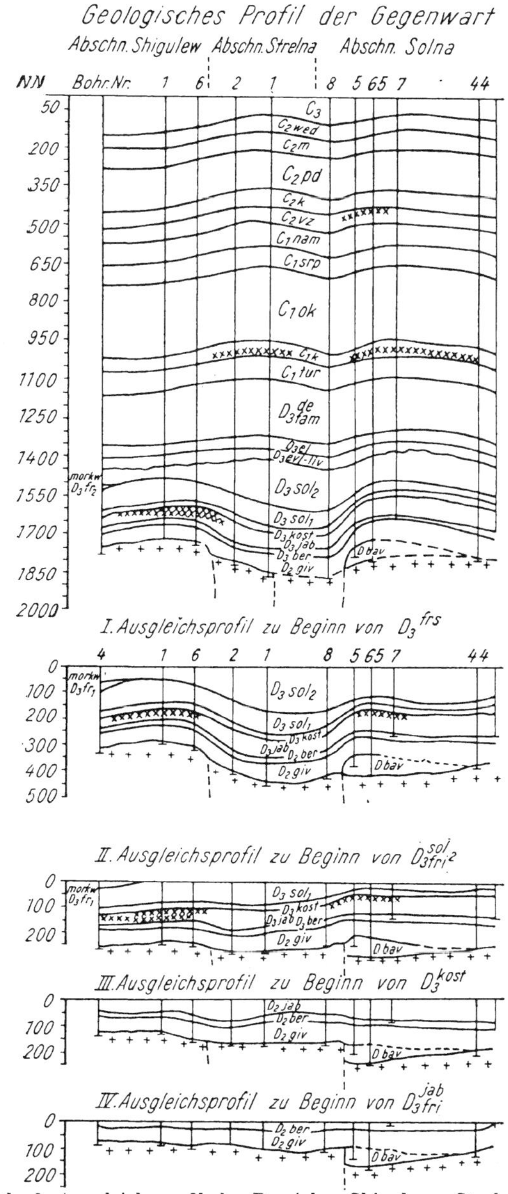

Abb. 3. Ausgleichsprofil des Bereiches Shigulew—Strelna—Solna des Abschnittes Samarskaja Luka

C_3 — Oberkarbon, C_2wed — Wedekindlina-Horizont, C_2m — Mjatschkowo-Horizont, C_2pd — Podolsk-Horizont, C_2k — Kaschira-Horizont, C_2vr — Wereja-Horizont, C_1nam — Namur-Stufe, C_1srp — Serpuchow-Teilstufe, C_1ok — Oka-Teilstufe, C_1k — kohlenführende Suite, C_1tur — Tournai-Stufe, D_3dl — Dankow-Lebedjan-Schichten, D_3fam — Famenne-Stufe, D_3el — Jeletz-Schichten, D_3evl-liv — Jewlanowo-Liwny-Schichten, D_3sol$_2$ — Obere Solny-Suite, D_3sol$_1$ — Untere Solny-Suite, D_3kost — Kostino-Suite, D_3jab — Jablonowoj-Suite, D_3ber — Beresowsker Suite, D_2giv — Givett Stufe, Dbav — Bawly-Suite; 1 — Erdöllager, 2 — kristallines Fundamen-

Indem man konsequent alle höheren Oberflächen ausgleicht, kann man eine Darstellung der Entwicklungsetappen einer regionalen Struktur in der Zeit erhalten.

So zeigen z. B. die Ausgleichsprofile, die über die Gebiete Shigulew, Strelna und Solna der Dislokation von Shigulew (Abb. 3) gelegt wurden, in Verbindung mit den schroffen Strukturformen recht klar, daß die Struktur in ihrer heutigen Gestalt bereits gegen Ende des Devons entstand. Im Karbon erfolgte lediglich eine gewisse Modellierung der früher entstandenen Formen.

Der Wert der beschriebenen Methode liegt darin, daß auf den Profilen, unvergleichlich besser als auf den Isopachenschemata, der Charakter der vertikalen Gliederung der Paläostrukturen sichtbar wird. Andererseits haben die Profile eine Reihe von Mängeln. Der wesentlichste ist der notwendigerweise kleine vertikale Maßstab als Folge der Vielzahl der Horizonte auf jedem der Profile.

4. Einige allgemeine Fragen der paläotektonischen Konstruktionen

Wir müssen auf eine Reihe allgemeiner Grundsätze hinweisen, die bei paläotektonischen Konstruktionen zu berücksichtigen sind.

1. Ein wichtiger Grundsatz besteht darin, daß bei Konstruktionen und Berechnungen als obere Grenze der zu analysierenden Folgen stets die zeitgleiche Unterkante einer Folge zu wählen ist. Dementsprechend hat man sich nicht auf das Ende bestimmter Epochen zu orientieren, sondern auf den Anfang der folgenden (unter Berücksichtigung der Möglichkeit von Schichtlücken).

2. Besondere Beachtung ist der Methode zu widmen, nach der die Isolinien gezogen werden, wobei man erstens die spezifischen Züge der geologischen Formen und zweitens die Zufälligkeit der Lage der Bohrungen im Auge haben muß (W. B. NEUMAN 1957).

3. Von nicht geringer Bedeutung ist bei der Konstruktion von graphischen Darstellungen das Verfahren, wie die Punkte miteinander verbunden werden. Wenn man berücksichtigt, daß sich räumlich die Prozesse gewöhnlich nur sehr allmählich ändern, so muß man, wenn das technisch möglich ist, die Punkte miteinander durch fließende Linien verbinden.

Die beschriebene Methodik sollte man erstens (unter Berücksichtigung des Beitrages des Verf. von 1957) zur Klärung der Gesetzmäßigkeiten der tektonischen Entwicklung der Strukturen einsetzen. Hierbei kann nur die Analyse der Mächtigkeiten eine eindeutige Antwort auf die gestellte Frage geben.

Zweitens gestattet uns die paläotektonische Analyse, die Perspektiven der Öl- und Gasführung bestimmter Zonen vorherzusagen. Denn erst dann, wenn man den Grad der Beständigkeit ermittelt hat, mit der sich die verschiedenen tektonischen Zonen entwickeln, und wenn man das mögliche Stockwerk der Öl- und Gasführung usw. festgestellt und mit der Herausbildung konkreter Strukturen koordiniert hat, d. h., nachdem man eine im wesentlichen paläotektonische Aufgabe gelöst hat, kann man mit Sicherheit die Aussichten für das Auffinden von Lagern beurteilen.

Drittens gestatten uns die Verfahren der paläotektonischen Analyse, die stratigraphische Gliederung (W. B. NEUMAN 1960) und die Anwesenheit von Erosionsformen zu kontrollieren.

Zusammenfassung

Verf. schildert einige interessante Methoden für paläotektonische Analysen an Hand einiger Beispiele aus der Praxis. Solche Untersuchungen dienen dem Erkennen der Gesetzmäßigkeit der tektonischen Entwicklung bestimmter Gebiete allgemein. Speziell gestatten Beobachtungen dieser Art Voraussagen über die Möglichkeit der Erdöl- und Erdgasführung bestimmter Strukturen. Der wissenschaftliche Wert paläotektonischer Analysen steht außer allem Zweifel.

Резюме

На основе нескольких примеров, заимствованных им из практики, автор описывает некоторые интересные методы для палеотектонических анализов. Подобные исследования вообще оказывают помощь при познании закономерности тектонического развития определенных районов. В частности, такого рода наблюдения позволяют высказывать прогнозы о возможности нефтегазоносности определенных структур. Научная ценность палеотектонических анализов стоит вне всякого сомнения.

Summary

Some practical examples are given by the author to describe interesting methods for carrying out paleotectonic analyses. Such investigations serve the general purpose of recognizing regularities in the tectonic evolution of particular areas. This kind of observations particularly permits to predict the possibility of petroleum and natural gas bearing structures. The scientific value of paleotectonic analyses is beyond any doubt.

Literatur

NEUMAN, W. B.: Die spezifischen Züge von Strukturkonstruktionen unter Tafelbedingungen. — Nowosti neftjanoi techniki, Geologija, Nr. 6, Moskau 1957.

— Neue Methoden der paläotektonischen Analyse in Tafelgebieten. — Z. angew. Geol., 5, S. 255—259, Berlin 1959.

— Paläotektonische Kriterien für die stratigraphische Gliederung sedimentärer Schichtenfolgen in Tafelgebieten. — Z. angew. Geol., 6, S. 323—326, Berlin 1960.

Zur Erdölgenese[1]

GEORG RUDAKOW, Ufa (UdSSR)

Bei der steigenden Erdölförderung in Westeuropa wie auch in anderen Ländern bleibt die Frage der Erdölhöffigkeit das wichtigste Problem, da der Bestand an flachlagernden und deshalb leicht entdeckbaren Erdöllagerstätten im großen Maße erschöpft ist. Dabei bieten uns die tieferen Erdschichten eine wahre Schatzkammer, in der eine gewisse Ordnung herrscht. Es ist das Ziel der Wissenschaft, die Gesetzmäßigkeiten zu erläutern; denn das Wissen über die Gesetze der Entstehung von Erdöllagerstätten wird die Suche nach solchen Vorkommen erleichtern.

In dieser Hinsicht sind nicht nur die Speichergesteine marin-sedimentärer Entstehung als erdölhöffig zu bezeichnen, sondern auch die der kontinentalen Ablagerungen und die Gesteine des kristallinen Untergrundes in Bruchzonengebieten.

Ein Beispiel dafür bietet eine Reihe von Senkungsgebieten, die stets mit mächtigen Tiefenbrüchen in Verbindung stehen, wie der Limagne-Graben, Rheintalgraben, Suez-Golf-Graben, Fu-Sin-Graben usw.

Charakteristisch ist in dieser Hinsicht der Limagne-Graben, der sich an das vulkanische Gebiet des Puy-de-Dôme anschließt, mit Erdölaustritten in der

[1]) Eingang des Manuskripts in der Redaktion: 23. 5. 1961

vulkanischen Decke ebenso wie in tertiären, sedimentären Gesteinen, die den Graben ausfüllen.

Der bekannte Rheintalgraben weist eine Reihe von größeren Erdöl- und Erdgasvorkommen auf, z. B. westlich des axialen Teiles: Pechelbronn, Staffelfelden, Roening, und im östlichen Teile: Pfungstadt, Stockstadt, Eich usw. Wie festgestellt wurde, können beinahe alle Horizonte der festen, mesozoischen Gesteine als Speichergesteine angesehen werden.

Die Erdölvorkommen des Suez-Golf-Grabens sind bekanntlich mit dem kristallinen Untergrund ebensogut wie mit den darüberliegenden Arkosesandsteinen verbunden. Die wesentliche Erdölhöffigkeit steht mit den Antiklinalen im Mesozoikum in Zusammenhang. Eine innige Verbindung dieser Strukturen zu den Tiefenbrüchen ist festgestellt.

Ein besonderes Interesse bietet der Fu-Sin-Graben in Nordchina. Die Ränder des Grabens werden von Erdölausbissen an der Tagesoberfläche gebildet (Abb. 1). Erdölvorkommen treten auch in Jura-Ablagerungen auf, die zusammen mit Kreide und Tertiär den Graben ausfüllen.

Die Erdölführung der Schichten mancher Gräben bringt man öfters mit der Migration aus den sedimentären Gesteinen in Verbindung, doch kann dies nicht als bewiesen angesehen werden.

Die Natur dieser Erdölführung als Infiltrierungen aus intrusiven Gesteinen unterstreicht vor allem die regionale Assoziierung des Erdöls mit den Tiefenbrüchen. Deshalb ist die Migration des Erdöls mit disjunktiven Dislozierungen, die bis in große Tiefen verfolgt werden können, verbunden. Als ein Nachweis kann die Anwesenheit von Wasserstoff in den Gasen des Gebietes von Kljutschewskaja im Tscheljabinsker Graben dienen.

Ein interessantes Objekt für die Forschung stellt der Jordan-Graben dar (Abb. 2). Der große Kalisalzbestand des Toten Meeres weist deutlich auf seine Tiefenentstehung hin. Es ist zu bemerken, daß das Erdöl oft in Verbindung mit Kalisalzablagerungen steht, wie z. B. in Thüringen, im nordwestdeutschen Becken, im Ural—Wolga-Gebiet (Solikamsk), in den östlichen Karpaten, im Delaware-Becken (USA) usw.

In dieser Hinsicht sind die gefundenen Erdölspuren am Abfall des westafrikanischen Schildes zur Sahara-Tiefebene in dolomitischen Kreidekalken der Tschadsee-Senke (Lange 1956) höchst interessant und vielsagend. Auf Abb. 3 ist eine analoge Senke — die Baikalsee-Senke — gezeigt. Ähnliche Erdöl- und Erdgasaustritte stehen in deutlichem Zusammenhang zu den Tiefenbrüchen und können nur als Beweis der Tiefenerdölentstehung angesehen werden (Kropotkin & Schachwarstowa 1959).

Die letzthin in der UdSSR durchgeführten systematischen Forschungen haben eindeutig bestätigt, daß Bitumina auch eine große Verbreitung in den Kies-

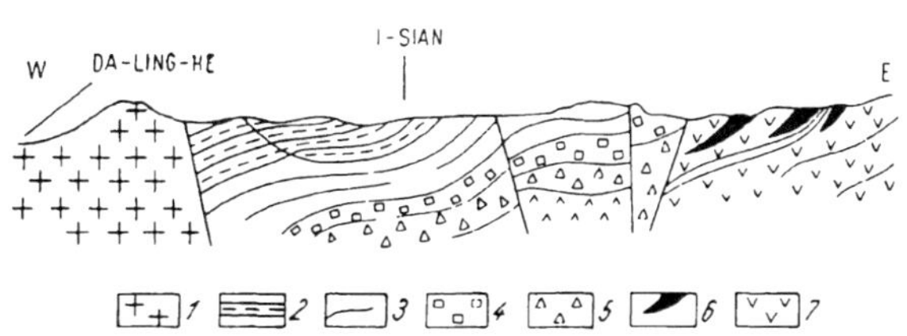

Abb. 1. Fu-Sin-Graben (nach Wong Wan-Pu)

1 — Granit, 2 — Jura, kohlenführende Serie, 3 — Schanghaier Schiefer, 4 — Szechuan-Serie, 5 — Brekzie, 6 — Erdölaustritte, 7 — Gneis

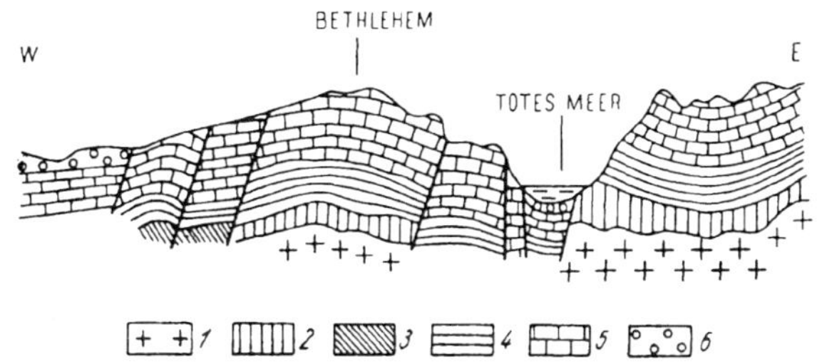

Abb. 2. Jordan-Graben (nach Krenkel)

1 — Präkambrium, 2 — Paläozoikum, 3 — Jura, 4 — Untere Kreide, 5 — Obere Kreide, 6 — Pliozän

erzen des Urals haben (Iwanow u. a. 1961), ebenso wie Erdöl, Bitumen und Gas in den nephelinhaltigen Syeniten des Chibiner Massivs auftreten (Petersilie & Proskurjakowa 1961). Für den letzten Fall ist besonders hervorzuheben, daß die Kohlenwasserstoffgase syngenetisch mit den Syeniten entstanden sind, was auf die Prozesse der anorganischen Synthese zurückzuführen ist. Diese Prozesse umfassen eine Reihe von Reaktionen, die die Bildung von einfachsten Molekeln bis zu hochmolekularen Substanzen ermöglichen.

In dieser Hinsicht sind flüchtige Kohlenwasserstoffgase, freier Wasserstoff, Stickstoff und Helium, für die eine Tiefenentstehung nicht bestritten wird, als charakteristische, geochemische Gesellschafter des Erd-

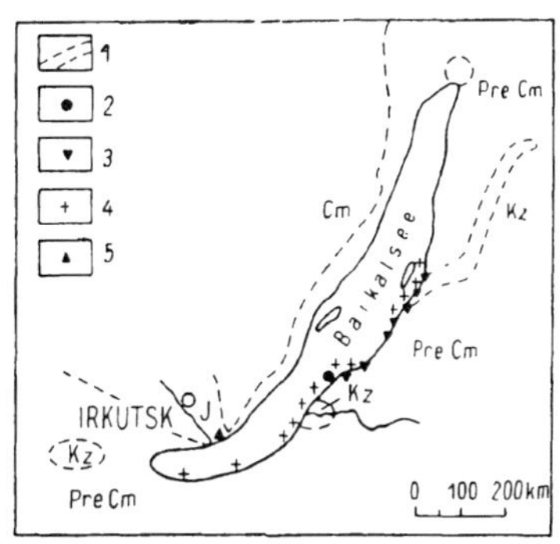

Abb. 3. Baikal-Senke (nach Kropotkin & Schachwarstowa)

1 — Umrisse des ausstreichenden Präkambriums (PreCm), Kambrium (Cm), Jura (J) und Känozoikum (Kz), 2 — Erdöl, 3 — Ozokerite, 4 — brennbare Gase, 5 — Asphalt, Bitumen

öls zu betrachten. Die Tiefenentstehung dieser Gase wird übrigens durch ihren hohen Druck bewiesen.

Allein das Ausmaß des aus der Tiefe austretenden Methangases erreicht bekanntlich in der relativ kurzen Zeit von 100000 Jahren die bedeutende Menge von 10^8 t.

Bei dieser Lage der Dinge müssen die gesamten Erdöllagerstätten in einem Nebenprozeß der durch Tiefenbrüche beförderten Gase entstanden sein. Offensichtlich ist wenigstens ein gewisser Teil der gasförmigen Kohlenwasserstoffe mit dem Magma genetisch verbunden. Bekanntlich wird die Reaktion

$$C + 2H_2 \rightarrow CH_4$$

unter Laboratoriumsverhältnissen bei 1200 °C durchgeführt. Unter Mitwirkung von Katalysatoren kann die Temperatur auf 475—500 °C herabgesetzt werden.

Unter höheren Temperaturen und Hochdruckverhältnissen, die in der Nachbarschaft der Magmenherde herrschen, tritt als wesentlicher Faktor die radioaktive Bestrahlung hinzu.

Wie von Wagner 1960 ausgeführt wurde, ergab eine Bestrahlung von n-Pentan durch Photonen und Elektronen von einer Stärke bis 3 MeV im Prozeß der Rekombinierung der entstandenen Radikale (durch

Zerfall der C—C- und C—H-Bindungen) ein Gemisch von iso- und n-Kohlenwasserstoffen ab Methan bis C_{16}.

Andererseits zeigt HARDWICK 1960, daß im Prozeß der Radiolyse von n-Hexan auch ungesättigte Produkte und Wasserstoffe entstehen. Sogar bei niedriger Temperatur von 77°K erreichte der Verlauf des Zerfalls z. B. von n-Heptan bei der Bestrahlung durch Co^{60} zirka 10% bei der Bestrahlungsdosis von $3 \cdot 10^8$ r (TSCHERNJAK u. a. 1958).

Der elementare Mechanismus der Radiolyse stellt sich nun folgendermaßen dar (CHAPIRO 1960): Die Bestrahlung der Kohlenwasserstoffe (γ-Strahlen, schnelle Elektronen usw.) führt zur Entstehung von drei Arten der aktiven Teilchen: Ionen (Reaktion 1), erregte Molekeln (Reaktion 2 und 3) und freie Radikale (Reaktion 4). Schematisch kann man sich die Ionisierung folgendermaßen vorstellen:

$$AB \rightsquigarrow AB^+ + e \qquad (1)$$

Ungefähr die Hälfte der Bestrahlungsenergie wird durch die Entstehung der Ionen verbraucht. Der Überschuß der Energie dient zur Erregung der Molekeln:

$$AB \rightsquigarrow AB^* \qquad (2)$$

Die positiven Ionen werden neutralisiert, dabei entstehen die hocherregten Molekeln:

$$AB^+ + e \rightarrow AB^{**} \qquad (3)$$

Seinerseits dissoziieren die erregten Molekeln, wobei die Radikale entstehen:

$$AB^* \rightarrow A^\cdot + B^\cdot \qquad (4)$$

Das Hauptprodukt der Radiolyse der n-Paraffine C_n) sind also: Wasserstoff, Olefine, gesättigte Kohlenwasserstoffe (C_p, C_q und C_{2n}), wobei $p < n$ und $n < q < 2n$ ist.

Unter magmatischen Verhältnissen können die Radikale A· und B· frei existieren. Jedoch in ihrer Bewegung zu der Tagesfläche durch die Brüche tritt in den abgekühlten Zonen bei gemindertem Druck der Prozeß der spontanen Rekombinierung ein, wobei ein Gemisch von Kohlenwasserstoffen entsteht, das in dem kristallinen Untergrund unter der agressiven Wirkung des Wassers das leichte erdgasgesättigte Erdöl bildet.

Das Obenerwähnte nötigt uns, manche Fragen der Erdölhöffigkeit zu überprüfen, wobei die Erdölführung des kristallinen Untergrundes als eine wesentliche Quelle der Erdölförderung anzusehen ist (LANDES u. a. 1960).

Literatur

CHAPIRO, A.: Action des radiations ionisantes sur les hydrocarbures. — Bull. Ass. soc. Franç. Techniciens Pétrole, **144**, S. 971, Paris 1960.

HARDWICK, T. J.: The Radiolysis of Liquid n-Hexane. — The Journ. Physical Chemistry, **64**, S. 1623, Easten, Pennsylvania, 1960.

IWANOW, S. N., G. A. KURIZINA & E. A. GLEBOWSKAJA: Die Bitumina der Kieserze und der erzführenden Gesteine des Urals. — Geochemie, Nr. **3**, S. 268, Moskau 1961 (russ.).

KROPOTKIN, P. N. & K. A. SCHACHWARSTOWA: Feste Bitumina, Erdöl und Erdgase in Intrusiven von Hyperbasiten, in Fallen und vulkanischen Schloten. — Beiträge der Łwower Diskussion, Akad. Wiss. Ukrainischen SSR, S. 151, Gostoptechisdat, Moskau 1959 (russ.).

LANDES, K. K., J. J. AMORUSO, L. J. CHARLESWORTH, F. HEANY & P. J. LESPERANCE: Petroleum Ressources in Basement Rocks. — Bull. Amer. Ass. Petrol. Geol., **44**, S. 1682, Tulsa, Oklahoma, 1960.

LANGE, E.: Zur Geologie der Tschadsee-Senke. — Z. angew. Geol., **2**, S. 491, Berlin 1956.

PETERSILIE, I. A. & E. B. PROSKURJAKOWA: Zerstreute Bitumina in den basischen Gesteinen des Chibiner Plutons. — Ber. Akad. Wiss. UdSSR, Geol. Serie, Nr. **4**, S. 74, Moskau 1961 (russ.).

TSCHERNJAK, N. I., N. N. BUBNOW, V. V. WOJEWODSKY, L. S. POLACK & J. D. TZWETKOW: Zur Entstehung freier Radikale und Atome unter Radiolyse der Kohlenwasserstoffe bei Temperatur von 77°K. — Beitr. Akad. d. Wiss. UdSSR, **120**, S. 346, Moskau 1958 (russ.).

WAGNER, C. D.: Radiolysis of n-Parafins: Mechanism of Formation of the Heavy Products. — The Journ. Physical Chemistry, **64**, S. 231, Easten, Pennsylvania, 1960.

Die wichtigsten Richtungen bei der Entwicklung der Sucharbeiten auf Erdöl- und Erdgaslagerstätten in Polen[1]

FELIX MITURA & ZBIGNIEW OLEWICZ, Kraków

Im geologischen Bau Polens unterscheidet man zwei Hauptsedimentationsbecken: 1) Das Karpatenbecken. Es umfaßt Südpolen und greift mit seinen vorwiegend jüngeren Sedimenten auf die Fortsetzung des Flachlandbeckens über. 2) Das Flachlandbecken, das im Vorland der Sudeten ausgebildet ist. Es umfaßt hauptsächlich die Großpolnische Senke, erstreckt sich mit seinen Sedimenten auf den konsolidierten Teil des kristallinen Untergrundes im Norden und Osten Polens und zieht sich im Südosten bis zu den Karpaten hin. Auf Grund des geologischen Baues setzt man die Richtungen und die Reihenfolge der weiteren Sucharbeiten fest. Das geschieht vor allem nach theoretischen Erwägungen in bezug auf die Perspektiven, welche die einzelnen Strukturteile der Becken bieten, und zwar unter Berücksichtigung der Ergebnisse bisher durchgeführter Arbeiten.

1. In erster Linie müssen die Sucharbeiten im Vorkarpaten- und Karpatenbecken durchgeführt werden, das in seiner Entwicklung den wenigsten orogenen Phasen ausgesetzt war. Das Problem wird jedoch dadurch kompliziert, daß die Sedimente des Karpatenbeckens und ein Teil der Sedimente des miozänen Vorkarpatenbeckens tektonisch stark beansprucht worden sind, wodurch die vorhandenen Lagerstätten größtenteils zerstört wurden. Somit ist man gezwungen, Falten aufzusuchen, die von der Erosion nicht angeschnitten oder später überschoben wurden. Hier sind Reste primärer Lagerstätten erhalten geblieben.

Also müßten die Erdgaslager im Miozän überall dort die größten Vorräte aufweisen, wo die Mächtigkeit der Sedimente ausreichend ist und wo sie durch Überdeckung von der Tagesoberfläche isoliert sind (z. B. durch Karpatenüberschiebungen).

Die größten Erdölvorräte dürften in den äußersten tiefer liegenden Flyschfalten anzutreffen sein, die gute Speichergesteine führen, von miozänen Sedimenten ausreichend überdeckt sind und später nicht in solchem Maße emporgehoben wurden, daß die Erosion schaden konnte. Sie entstanden unter den günstigsten primären Bedingungen im Bereich der Schelf- und Flexurzone des Flyschbeckens. Die primären und sekundären Bedingungen prädestinieren sie zum wichtigsten Erkundungsobjekt. Andere höher gelegene Karpatenstrukturen wurden bereits abgetragen. Hier sind die Aussichten geringer. Für die Karpaten und das Miozän des Gebirgsvorlandes wird in Übereinstimmung mit den vom Rat

[1] Eingang des Manuskripts in der Redaktion: 31. 8. 1961. — Deutsche Übersetzung des Originalbeitrages: I. SCHENK.

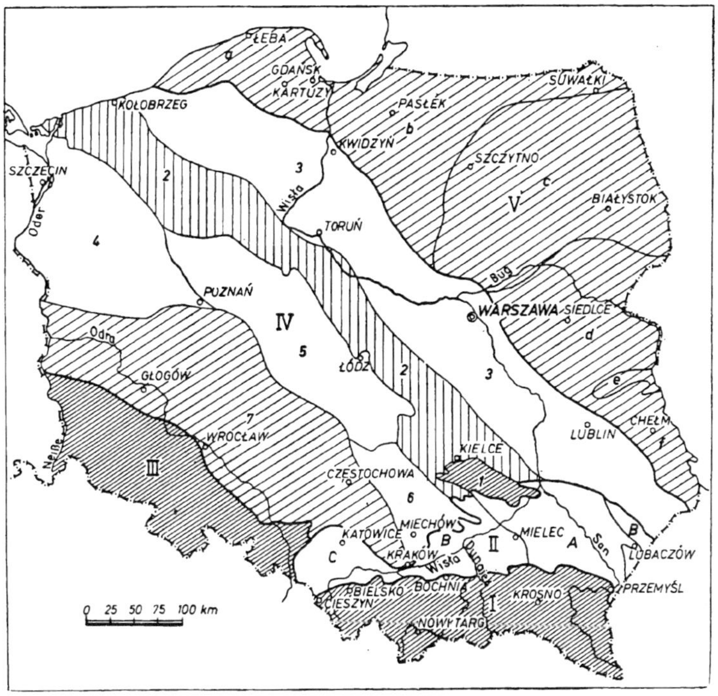

Abb. Geologisch-strukturelle Skizze Polens
I – Karpaten; II – Vorland der Karpaten: A – Neogensenke auf dem paläozoischen Untergrund, B – Neogensenke auf dem mesozoischen Untergrund, C – Oberschlesisches Becken; III – Schlesisches Antiklinorium; IV – Großpolnisches Becken: 1 – Świętokrzyż-Antiklinorium, 2 – Kujawisch-pommerischer Wall, 3 – Randsenke und Flexurzone, 4 – Senke von Szczecin, 5 – Senke von Łódź, – 6 Senke von Miechów, 7 – Schlesische (vorsudetische) Monoklinale; V – Fennosarmatische Tafel: a – Erhebung von Łeba, b – Peribaltische Senke, c – Masurische Erhebung, d – Senke von Podlasie e – Erhebung von Sławatycze, f – Bug-Senke

für gegenseitige Wirtschaftshilfe im März 1960 eingebrachten Anträgen folgende Reihenfolge der Sucharbeiten festgesetzt:

a) Aufsuchen von Erdgaslagerstätten im Miozän,

b) Aufsuchen von Erdöl- und Erdgaslagerstätten im Gebiet der westlichen Fortsetzung der Tiefenfalten der Ostkarpaten, mit einer Konzentration tiefer Strukturbohrungen (bis 4500 m) südlich und südwestlich von Przemyśl,

c) Aufsuchen von Erdöl- und Erdgaslagerstätten in den tiefen Horizonten größerer Falten der zentralen Karpatendepression und ihrer Umrahmung,

d) Breiten- und Tiefenprospektion in bekannten erdöl- und erdgasführenden Gebieten,

e) Aufsuchen von Erdöl- und Erdgaslagerstätten im Untergrund der Karpaten, der mit Bohrungen bis zur 4500 m Tiefe erreichbar ist.

2. Die einzelnen Strukturteile des älteren Flachlandbeckens bieten folgende Aussichten auf Erdöl-/Erdgasführung: Berücksichtigt man die im allgemeinen günstige Zusammensetzung der primären Sedimente, der Speichergesteine und der isolierenden Schichten sowie die immer gleichbleibende Richtung des Einfallens der Ablagerungen zur Mitte des Beckens, welche die ständige Migration der Kohlenwasserstoffe nach den Rändern hin begünstigt, so muß man die größte Anhäufung von Erdöllagerstätten in dessen Randgebieten in der Richtung erwarten, wo die Schichten auskeilen, d. h. in der Schelf- und Flexurzone. Aber auch am gegenüberliegenden steilen Rand sowie in solchen Zonen, die den Schelfzonen ähnlich sind, die entlang der Längsachse des Beckens auftauchen, können Lagerstätten erwartet werden. Im zentralen Teil des Beckens konnte die vertikale Migration in die höheren Sedimente über die Entstehung von Lagerstätten entscheiden. So bestimmen die primären Bedingungen der einzelnen Strukturelemente dieses Beckens die Aussichten auf seine Erdölführung.

Die Bedingung, daß die Lagerstätten trotz weiterer tektonischer und struktureller Entwicklung dieses Gebietes erhalten blieben, wird von den einzelnen Elementen des geologischen Aufbaus auf verschiedene Weise erfüllt. Am wenigsten davon berührt wird die breite Schelfrandzone des Beckens, in der die Sedimente auf einem verhältnismäßig festen Sockel liegen, der zur Mitte des Beckens ruhig und gleichmäßig abtaucht. Sogar die ältesten paläozoischen Lagerstätten hätten hier erhalten bleiben können, da hier gewöhnlich ziemlich flache Strukturen und häufig stratigraphische sowie lithologische Fallen auftreten.

Diese Zone tritt im nördlichen und nordöstlichen Teil Polens auf. Sie umfaßt die Erhebung von Ustka und Łeba, die peribaltische Senke, die masurisch-suwałkische Erhebung, die Senke von Podlasie, die Sławatycze-Erhebung und schließlich die Bug-Senke und die Flexurzonen, die sich mit der Randsenke (Randsynklinale) vereinigen. Mit Ausnahme der masurisch-suwałkischen Erhebung, auf der paläozoische Sedimente fehlen, wenn man Reste des Kambriums nicht berücksichtigen will, ist das ein Gebiet, auf dem in erster Linie Sucharbeiten durchgeführt werden müssen.

Einer größeren Zerstörung waren die Lagerstätten ausgesetzt, die in dem flacher werdenden Randgebiet des Beckens ausgebildet sind. Sie liegen in Richtung des Auftauchens der Längsachse (in unserem Falle in der südöstlichen Fortsetzung des Beckens in Richtung auf die Karpaten, auf beiden Seiten des präkambrischen Kerns des Polnischen Mittelgebirges (Świętokrzyż-Gebirges). Hierher gehören auch die Lagerstätten im mittleren gefalteten Teil des Beckens (im Bereich der Großpolnischen Senke). Der größten Zerstörung unterlagen gewöhnlich die Lagerstätten am steilen mobilen Rand der Senke. In unserem Falle konnte solch eine Zerstörung die Lagerstätten des frühen Paläozoikums erfassen, die außerhalb des Subsudetischen Walls auftreten. Dagegen beeinflußte sie nicht die Schichten des Perms und Mesozoikums, welche die Vorsudetische Monoklinale bilden. Deshalb sind in diesem Gebiet die Aussichten in bezug auf die Erhaltung von Zechsteinlagerstätten und evtl. mesozoischen Lagerstätten ähnlich denen im Norden und Nordosten Polens. Folglich verdient dieses Gebiet, an zweiter Stelle untersucht zu werden.

Im mittleren Teil des Beckens haben die tektonisch stark beanspruchten Strukturen, die im Bereich der Großpolnischen Senke liegen, theoretisch gesehen, geringere Aussichten in bezug auf den Nachweis reicher und großer Lagerstätten. Dagegen müßte die Fortsetzung nach Süden auf der Längsachse des Beckens ein weit aussichtsreicheres Gebiet sein. Es hat jedoch außer der Faltung, die mit der Entwicklung des Großpolnischen Beckens zusammenhängt, eine zweite Beanspruchung während der Entstehung des Karpatenbeckens und seiner hauptsächlich miozänen Vorsenke erfahren.

Während der Entstehung des Karpatenbeckens wurde das Gebiet erodiert. In der letzten miozänen Phase der Bruchtektonik haben zahlreiche Längs- und Querspalten teils den Zerfall gefördert, teils zur Remigration von Erdöl und Erdgas beigetragen, d. h. in Richtung zur Mitte des früheren Beckens. Manchmal konnten die Dislokationen aber auch als Hindernis wirken, indem sie die Wege für diese Remigration verschlossen. Somit blieben frühere Lagerstätten erhalten. In diesem Gebiet waren zwar viele primäre günstige Bedingungen gegeben, aber es liegen ungünstige Momente in der zweiten Phase (in der Phase struktureller Veränderungen des Beckens) vor, besonders in dem Abschnitt der Sub- und Vorkarpaten. Es besteht die Aussicht, daß hier große und verhältnismäßig einfache Lagerstätten erst im westlichen und nordwestlichen Teil gefunden werden, wo die jüngere tektonische Beanspruchung geringer ist, also im Subkarpatengebiet zwischen Cieszyn und Kraków, Jędrzejów und Tarnów. Ähnliche Aussichten hat der Zechstein in der nördlichen Umrahmung des Polnischen Mittelgebirges (Świętokrzyż-Gebirges). Das wäre also das dritte Gebiet, in dem Sucharbeiten durchgeführt werden müssen.

Das Gebiet, das als viertes im Flachlandbecken für Sucharbeiten in Frage kommt, ist das Gebiet der mesozoischen Strukturen und Zechsteinaufragungen im mittleren Teil des Beckens.

3. Aus diesem Überblick und dem Vergleich mit den bekannten Strukturen ergibt sich, daß in erster Linie die geophysikalischen (seismischen) Arbeiten im nördlichen und nordöstlichen Teil Polens beschleunigt werden sollten. Dabei wird man in größerem Umfang auch die Refraktionsseismik für die Feststellung des Reliefs des kristallinen Untergrundes anwenden müssen. Hier muß man sich auch anderer Methoden bedienen. Außerdem ist das Niederbringen von Erkundungsbohrungen und Strukturbohrungen bis 3000 m Tiefe und von flachen Strukturbohrungen zu beschleunigen. Sie werden auf die Erhebung von Ustka und Łeba, auf die peribaltische Senke, die Senke von Podlasie und die Bug-Senke konzentriert.

Gleichzeitig sollen durch Bohrungen bis 4500 m Tiefe in erster Linie die nachgewiesenen Strukturen in der nordwestlichen Umrahmung der masurisch-suwałkischen Erhebung untersucht werden, wobei in der Folge diese Untersuchungszone auf den Nordwesten bis zur Ostseeküste und den Südosten entlang der Flexurzone ausgedehnt werden wird, die sich quer zum Übergang der Senke von Podlasie in das Großpolnische Becken, durch die Umrahmung der Sławatycze-Erhebung und den Übergang der Bug-Senke in die Fortsetzung des tieferen Teils des Flachlandbeckens zieht.

Im südwestlichen Teil des Flachlandbeckens werden die geophysikalischen Arbeiten intensiviert. Sie müssen auch auf das östlich gelegene Gebiet bis Wieluń ausgedehnt werden. Durch Strukturbohrungen sind die schon in groben Zügen bekannten Strukturen genau zu lokalisieren. Außerdem werden Suchbohrungen auf den bisher nachgewiesenen Strukturen niedergebracht.

Im südlichen Teil des Flachlandbeckens sollen die Gebiete zwischen Kraków und dem Polnischen Mittelgebirge (Świętokrzyż-Gebirge) und das Subkarpatengebiet südlich und westlich von Kraków durch seismische Arbeiten erfaßt werden. Dabei werden so schnell wie möglich Erkundungsbasisbohrungen und Strukturbohrungen niedergebracht. Nach der Lokalisierung der Strukturen sind Suchbohrungen niederzubringen als Fortsetzung der östlich von Kraków durchgeführten Arbeiten.

Im mittleren Teil des Beckens müssen die Sucharbeiten im Bereich der mesozoischen Schichten auf einige Strukturen konzentriert werden. Außerdem sind einige Strukturbohrungen für die Interpretation der geophysikalischen Untersuchungen sowie tiefe Strukturbohrungen von 4500 m Tiefe bis zur Basis des Zechsteins im Bereich der Erdölaustritte auf den ausgewählten Salzstöcken geplant.

Bericht über die Basisbohrung Chełm[1])

JEDRZEJ MÜLLER, Warszawa

Über die Lokalisierung der Basisbohrung Chełm, Bezirk Lublin, wurde am 7. Mai 1953 im Geologischen Institut entschieden. Diese Bohrung wurde auf Initiative von Prof. Dr. J. SAMSONOWICZ projektiert und sollte die erste Etappe der geologischen Erkundung des paläozoischen Baues der Bug-Senke unter besonderer Berücksichtigung des die Senke ausfüllenden Karbons sein. Bei der Bearbeitung des von J. DEMBOWSKA angefertigten Bohrprojekts stützte man sich auf die bisherigen Ergebnisse der geophysikalischen Untersuchungen sowie auf das sehr spärlich vorhandene geologische Material, dessen Daten hauptsächlich aus dem von Prof. Dr. J. SAMSONOWICZ bei der Erforschung des Bug-Karbons gewonnenen Ergebnissen stammen. Außerdem wurde das Profil der Bohrung Strzyzów herangezogen.

Die Bohrarbeiten dauerten vom 24. 10. 1954 bis zum 1. 10. 1955. Sie wurden vom Betrieb „Geologische Bohrungen" der Erdölindustrie mit einer „Wirth"-Rotary-Bohranlage durchgeführt. Die ganze Bohrung wurde zu 100% gekernt unter der Voraussetzung von mindestens 70% Kerngewinn. Dieses Minimum wurde im Paläozoikum erheblich überschritten; im Karbon z. B. betrug der Kerngewinn 91%.

Während und nach Beendigung des Bohrens wurden geophysikalische Bohrlochmessungen durchgeführt: elektrische Sondierung, Messungen der natürlichen Radioaktivität, der Temperatur, der Bohrlochabweichung und der mittleren Geschwindigkeiten seismischer Wellen.

Das lithologisch-stratigraphische Bohrprofil stellt sich generell zusammengefaßt wie folgt dar:

0,00—10,60 m Quartär. Torf und verschiedenkörniger Sand. 10,60—502,00 m Obere Kreide. Das Profil dieses Abschnittes ist fast gänzlich aus Schreibkreide mit Mergeleinschaltungen (von sehr geringer bis zu 1,5 m Mächtigkeit) in einzelnen Fällen gebildet. In der Schreibkreide kommen des öfteren Feuersteine vor; von 211 bis 249,30 m treten an ihrer Stelle Hornsteine auf. Von 484,30—501,20 m Teufe wird das Profil von wechsellagernden Mergel- und Foraminiferenkalken gebildet. Bei 501,20—502,00 m kommt glaukonitischer Sandstein vor.

Die stratigraphische Gliederung stützt sich vor allem auf die Mikrofauna. Die Bestimmung durch Foraminiferen wurde

[1]) Aus: „Przeglad Geologiczny", Nr. 6, 1959

in einigen Fällen durch die Makrofauna bestätigt. Alle Altersgrenzen wurden durch die Foraminiferenbestimmung festgelegt. Nur die Ausscheidung des Alb bildete eine Ausnahme; denn hier wurden zur Ausscheidung nur lithologische Kriterien herangezogen.

Nachstehend ist die Einteilung der Kreide angeführt:

10,60—173,20 Maastricht;
173,20—242,10 Campan;
242,10—303,00 Santon;
303,00—330,30 Coniac;
330,30—492,90 Turon;
492,90—501,20 Cenoman;
501,20—502,00 Alb.

502,00—567,00 m Malm. Im oberen Teil des Profils treten Kalkoolithe und Mergel, im unteren Teil Kalksteine, die den „Felsen-Kalksteinen" ähnlich sind, sowie im untersten Teil Dolomite auf. Auf Grund der Brachiopoden- und Muschelfauna wurde das Alter dieser Bildungen als Sequanien bestimmt. Nach der mikropaläontologischen Auswertung müßte die Grenze zwischen dem Astartien und dem Rauracien in 534—544 m Teufe festgesetzt werden. Das auf diese Weise ausgeschiedene Rauracien umfaßt jedoch auch Schichten mit Astartien-Makrofauna. In der Komplexausarbeitung wurde im Hinblick auf diese Divergenzen und den faziellen Charakter des Profils, nach dem eine für die Entwicklung der stratigraphisch charakteristischen Mikrofauna ungünstige Sedimentation unter Riffbedingungen anzunehmen ist, beschlossen, Astartien und Rauracien nicht zu trennen. Es wurde die allgemeine Bezeichnung — Sequanien — belassen.

567,00—580,20 m Lias. Die in diesem Abschnitt des Bohrprofils auftretenden Tonschiefer und Schluffsteine wurden allein auf Grund der lithologischen Ähnlichkeit mit dem masurischen Lias provisorisch als Lias bestimmt. In diesen Ablagerungen wurde jedoch nur karbonisches Sporenmaterial gefunden. Deshalb ist die Frage des Alters dieses Komplexes, die eine lebhafte Diskussion ausgelöst hat, bis jetzt noch nicht geklärt.

580,20—733,50 m Oberes Karbon (Westfal). Hier treten miteinander wechselnde Schichten von Sandsteinen, Schluffsteinen und Tonschiefern mit zwei geringmächtigen Kohleeinschaltungen auf. Der ganze Komplex hat sich in festländischen Gewässern gebildet. Die im Liegenden dieses Profilabschnitts vorkommende Mergelkalkschicht ist die (vom Hangenden des Karbons an) erste sicherlich marine Bildung.

733,50—1099,25 m Oberes Karbon (Namur). Unterhalb der hauptsächlich sandigen Bildungen, die die Sedimentation dieses Abschnittes beschließen und wahrscheinlich Sedimente festländischer Gewässer sind, befindet sich ein mächtiger, hauptsächlich aus tonigen Sedimenten bestehender Komplex mit Zwischenlagen von Schluffsteinen, Sandsteinen, Kalksteinen und oolithischen Gesteinen. In diesen Ablagerungen wurden sieben geringmächtige Kohleeinschaltungen festgestellt. Die Mächtigkeit und die Häufigkeit des Auftretens von Kalksteinzwischenlagen nimmt nach unten zu.

1099,25—1207,70 m Unteres Karbon (Visé). Es ist ein tonig-kalkiger Komplex mit Zwischenlagen von Schluffsteinen, Sandsteinen sowie von lithologischem Gestein mit vier Kohleeinschaltungen.

Die stratigraphischen Grenzen im Karbon sind durch eine reiche und gut erhaltene Makrofauna belegt, die hinsichtlich der Altersbestimmung der Schichten keine Zweifel aufkommen läßt, was leider von der Mikrofauna und -flora nicht gesagt werden kann. An Mikrofauna war überhaupt nicht viel vorhanden, dagegen wurde das ziemlich knappe Probenmaterial mikrofloristisch ausgewertet. Die nach der Makrofauna am wenigsten sichere Grenze zwischen Westfal und Namur wurde durch die Ergebnisse der mikrofaunistischen Auswertung belegt. Hier tritt eine gewisse Unstimmigkeit mit der mikrofloristischen Auswertung auf, nach der sie in etwa 650 m Teufe gelegt werden müßte. Dagegen kann die Grenze zwischen dem Visé und Namur, die sich auf Grund des Auftretens der Mikrofauna in 966,60 m Teufe befinden müßte, mit größter Sicherheit bei 1099,25 m Teufe nach Übereinstimmung der makrofaunistischen und mikrofloristischen Angaben festgelegt werden. Diese Divergenz der mikrofaunistischen Stratigraphie kann als eine teilweise durch Diskrepanz bei der stratigraphischen Verknüpfung der bestimmten Arten verursachte Abweichung betrachtet werden (die Mikrofauna wurde mit der aus den sowjetischen Gebieten bekannten korreliert, während die Makrofauna mit den Bezeichnungen der klassischen Karbongebiete Westeuropas in Beziehung gebracht wurde), und teilweise konnte auch der sich in dem Profilabschnitt abzeichnende Fazieswechsel die Veränderung der Mikrofauna beeinflussen.

1207,70—1610,30 m Silur. Tonschiefer, grau, seidig, glimmerhaltig mit Pyritanhäufungen. In Wechsellagerung treten hier kalkfreie Schieferkomplexe mit geringmächtigen Kalksteinzwischenschichten auf. Auf Grund der reichen Graptolithenfauna wurden diese Ablagerungen altersmäßig dem mittleren Ludlow zugeordnet.

Die Komplexauswertung der Ergebnisse der Bohrung Chelm, Bezirk Lublin, wird als laufender Band der Serie „Zur Erforschung der Untergrundstrukturen Polens" veröffentlicht.

Bericht über die Basisbohrung Bystrzyca[1]

Teresa Niemczycka, Warszawa

Die Bohrung wurde von Prof. Dr. W. Pożaryski projektiert und im zentralen Teil der Lubliner Hochfläche niedergebracht. Sie befindet sich im nördlichen Teil des seismischen Profils Radawiec—Baraki, dort wo das Profil eine deutliche Antiklinale im Bereich paläozoischer Bildungen aufweist. Die Zielsetzung der angesetzten Bohrung war die Feststellung der Diskordanzen zwischen der mesozoischen und der paläozoischen Serie sowie das Eindringen in die ältesten Bildungen des Paläozoikums. Außerdem sollte noch das lithologisch-stratigraphische Profil für dieses Gebiet ermittelt werden.

Die Bohrarbeiten wurden am 12. 10. 1957 begonnen und am 21. 7. 1958 beendet. Die Bohrung wurde mit einer Rotary-Bohranlage „Trauzl" durch den zur Erdölindustrie gehörenden Betrieb „Geologische Bohrungen" abgeteuft. Von 0—750 m Teufe wurden 20% der Bohrstrecke gekernt, dagegen sollten unterhalb dieser Teufe 100% gekernt werden, wobei ein minimaler Kerngewinn von 70% in festen Gesteinen angenommen wurde. Der tatsächliche Kerngewinn war etwas geringer und betrug im Mittel 65—66%.

In der Bohrung wurden folgende geophysikalische Messungen bis zu 1766 m Teufe durchgeführt: elektrische Karottage, Gammakarottage, Messungen der spezifischen Widerstände der Bohrspülung mit dem Resistivimeter, Messungen der Bohrlochabweichung mit dem Inklinometer sowie Messungen des Bohrlochdurchmessers mit dem Kavernometer.

Die Bohrung wurde infolge einer Havarie in 1766 m Teufe eingestellt.

Das lithologisch-stratigraphische Profil der durchteuften Serien ist nachstehend schematisch dargestellt:

0,00—986,00 m
Obere Kreide, innerhalb der folgende Glieder auf Grund der Mikrofauna ausgeschieden wurden:

0,00—276,80 m
Oberes Maastricht, ausgebildet in Form hellgrauer Mergel, manchmal mit dunkleren Bändern und Pyriteinschlüssen

[1]) Aus: „Przeglad Geologiczny", Nr. 6, 1959

276,80 — etwa 431,60 m
Unteres Maastricht, ausgebildet wie oben als hellgraue Mergel

ca. 431,60 — ca. 735,10 m
Campan, ausgebildet als graue und graugrüne Mergel, durch dunkelgraue Tonsubstanz gebändert; die Mergel enthalten Pyritspuren und Reste einer Inoceramenfauna

ca. 735,10 — 753,20 m
Coniac evtl. Emscher, ausgebildet in Form grauer gebänderter Mergel

753,20 — 801,00 m
Emscher, ausgebildet in Form graufleckiger, ziemlich harter Mergelkalksteine

801,00 — 960,70 m
Turon, ausgebildet in Form hellgrauer, etwas gefleckter Kalksteine mit Feuersteinen und Inoceramenfauna

960,70 — 986,00 m
Cenoman, ausgebildet in Form hellgrauer, zuckerkörniger Kalksteine mit Glaukonitkörnern, Quarzbeimengung, mit Phosphoriten und Tonbutzen

E. WITWICKA, Mitarbeiterin in der Abteilung Stratigraphie des Geologischen Instituts, hat die mikropaläontologische Analyse der Kreide durchgeführt.

986,00 — 1240,20 m
Oberer Jura — Malm. Auf Grund der auftretenden Fauna sowie der lithologischen Ausbildung wurden ausgeschieden:

986,00 — 1017,50 m
wahrscheinlich Bononien, ausgebildet in Form stark poröser Dolomite und dolomitischer Kalksteine

1017,50 — 1145,00 m
Kimmeridge, ausgebildet als Mergelkalk mit Oolithen und Pseudo-Oolithen mit Einlagen von Lumachellen und Schluffsteinen

1145,00 — 1192,60 m
Astartien, ausgebildet in Gestalt weißer oder cremefarbener oolithischer und feinoolithischer Kalksteine mit Zwischenlagen pelitischer Kalksteine, dichter lithographischer Kalksteine sowie Mergel

1192,60 — 1240,20 m
Rauracien, ausgebildet ähnlich als mittel- und grobkörnige oolithische Kalksteine, nach unten zu mit Krinoiden

Die Jurafauna wurde von L. MALINOWSKA und L. KARCZEWSKI in der Abteilung Stratigraphie des Geologischen Instituts bestimmt.

1240,20 — 1766,00 m
Karbon, ausgebildet in Form von Schluffsteinen und Tonschiefern, mit Sandsteineinlagen in der oberen Partie und mit einer 5 cm mächtigen Kohleneinlage

Die Stratigraphie des Karbons ist noch nicht endgültig bestimmt. Nach K. KOREJWO tritt hier unteres Westfal und Namur auf.

Die spezielle Auswertung der Bohrergebnisse wird von den einzelnen Abteilungen des Geologischen Instituts durchgeführt. Nach Beendigung der Komplexauswertung werden diese Arbeiten vom Geologischen Institut veröffentlicht.

Geoelektrische Messungen an einem Lehmvorkommen im Harz[1]

FRITZ ROESCHMANN, Berlin

Im allgemeinen werden Lehmvorkommen mit Hilfe von Schürfen, Peilstangensondierungen und Bohrungen erkundet. Die Zahl der Einzelaufschlüsse wird damit sehr groß — besonders, wenn das Vorkommen stark gegliedert ist.

Von Mitarbeitern der Forschungsanstalt für Schiffahrt, Wasser- und Grundbau wurde ein 2 ha großes Lehmvorkommen geoelektrisch untersucht. Die außerdem noch erforderlichen Peilstangenbohrungen und Schürfe stellten nur einen Bruchteil der sonst üblichen dar. Die Brauchbarkeit des geoelektrischen Verfahrens wird damit einmal mehr unter Beweis gestellt.

Das Untersuchungsgelände wird im Nordwesten durch eine Fernverkehrsstraße und im Südosten durch einen über drei Meter tiefen Rohrgraben, der inzwischen wieder geschlossen wurde, begrenzt. Das Gelände ist offen und übersichtlich. Durch die geoelektrischen Messungen sollten das Lehmvorkommen abgegrenzt und seine Mächtigkeit bestimmt werden. Die Ausdehnung der Messungen in Richtung auf den Rohrgraben wurde durch die aus dem Graben ausgeschachteten Erdmassen begrenzt.

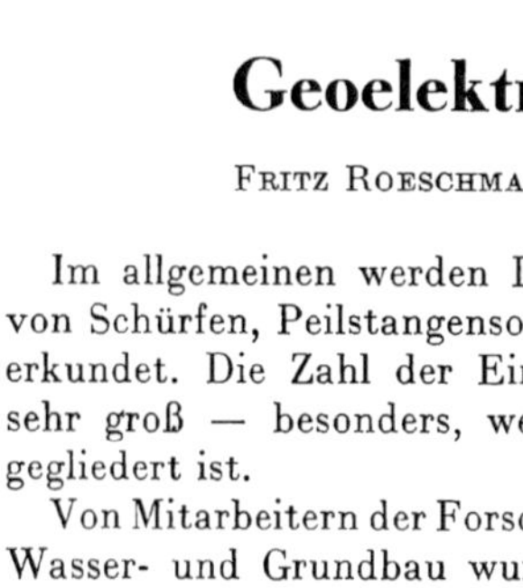

Abb. 1. Beispiel einer Sondierungskurve

Es wurden neun Profile rechtwinklig zur Straße vorgesehen. Der Profilabstand betrug 25 m, der Abstand der einzelnen Meßpunkte auf den Profilen 10 m. Die

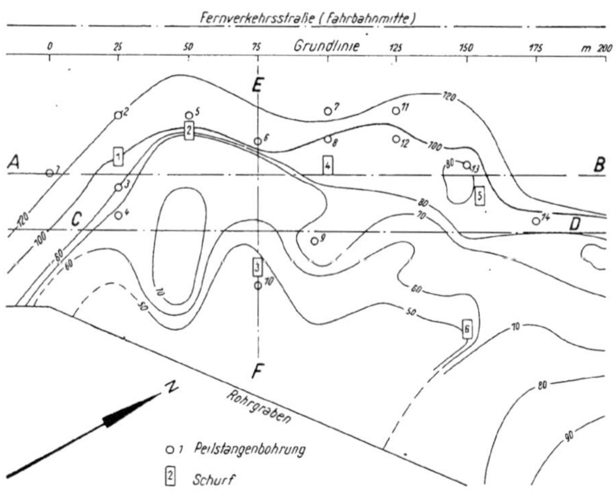

Abb. 2. Linien gleichen scheinbaren spezifischen Widerstandes für Aussagetiefe $a = 2$ m und Lage der Peilstangenbohrungen und Schürfe

Messungen wurden mit einer Aussagetiefe[2]) von zwei und sechs Metern durchgeführt und bilden die Grundlage für eine geoelektrische Kartierung des Gebietes. Da der geologische Bau nur durch geoelektrische Sondierungen erfaßt werden konnte, wurden die jeweils 20 m voneinander entfernt liegenden Meßpunkte als Sondierungen gemessen. Ein besonders schneller Meßfortschritt konnte durch Verwendung von Elektrolyt-Elektroden anstatt der sonst üblichen Stabelektroden erreicht werden. Die auf diese Weise erhaltene Kontaktfläche kleiner Ausdehnung kann als nahezu punkt-

[1]) Eingang des Manuskripts in der Redaktion: 27. 6. 1961.
[2]) Auch Eindring- oder Wirkungstiefe genannt.

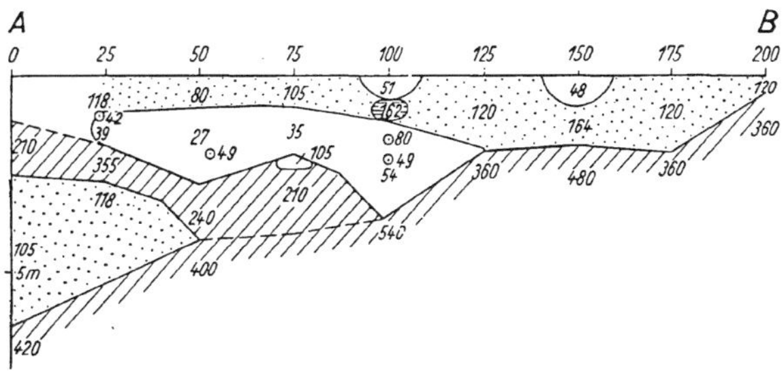

Abb. 3. Profil A—B, 40 m von der Grundlinie entfernt, mit den Werten der wahren spezifischen Widerstände und Meßergebnissen der Miniatur-Geoelektrik

⊙ — durch die Miniatur-Geoelektrik erhaltene Werte

förmig angesehen werden. Es wurden sehr ausgeglichene Sondierungskurven erzielt, wie das Beispiel in Abb. 1 zeigt.

Als Meßinstrument wurde der Erdungsmesser GEOHM verwendet. Dieses Gerät gestattet es, in diesem Gelände geoelektrische Messungen bis zu einem Elektrodenabstand von etwa 39 bis 45 m bei einem Sondenabstand von 13 bis 15 m vorzunehmen. Da mit einem größten Elektrodenabstand von 24 m gearbeitet wurde, konnte noch mit einer guten Meßgenauigkeit gerechnet werden.

Bei den an einigen Stellen im Rohrgraben und in den Schürfgruben durchgeführten geoelektrischen Messungen hatten die Sonden und Elektroden einen Abstand bis zu dreißig bzw. neunzig Millimeter. Ein besonderer Elektrodenhalter ermöglichte es, die Elektrodenabstände und die Elektrodenlängen genau einzuhalten. An jedem Meßpunkt wurden, ähnlich wie bei einer Drehsondierung, vier Meßwerte gewonnen und daraus ein Mittelwert gebildet, um die Zufälligkeiten bei diesen Miniatur-Elektrik-Messungen weitgehend auszuschalten. Die Ergebnisse stimmen recht gut mit den durch die Auswertung der Sondierungen gewonnenen wahren spezifischen Widerständen überein

Für die Feldmessungen wurden sieben Arbeitstage aufgewendet. Die Elektrodenanordnung war parallel zur Straße ausgerichtet, um möglichst dicht an den Rohrgraben heranzukommen. Es wurde mit der Wenner-Elektrodenanordnung gemessen, d. h., die Elektroden wurden in Drei-Meter-Sprüngen und die Sonden in Ein-Meter-Sprüngen auseinandergesetzt bis zu einer Gesamtelektrodenentfernung von 24 m. Dadurch war es möglich, den spezifischen Widerstand unterhalb einer Aussagetiefe von drei Metern, die durch die Lehmmächtigkeit im Rohrgraben vorgegeben war, zu verfolgen.

Sofort nach Abschluß der Feldmessungen wurden entsprechend den scheinbaren spezifischen Widerständen für zwei Meter Aussagetiefe die Linien gleichen Widerstandes gezeichnet und an Hand dieser Darstellung gemeinsam mit dem geologischen Bearbeiter die Lage der Peilstangenbohrungen und Schürfe festgelegt (vgl. Abb. 2).

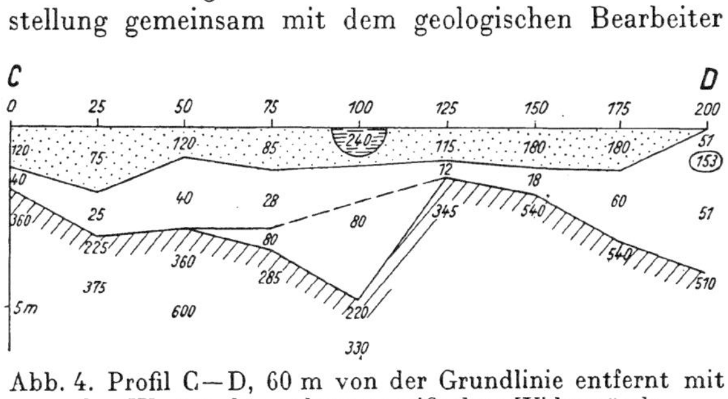

Abb. 4. Profil C—D, 60 m von der Grundlinie entfernt mit den Werten der wahren spezifischen Widerstände

Die Auswertung der Meßergebnisse der Sondierungen erfolgte mit den Musterkurven von H. M. Mooney & W. W. Wetzel. Da diese Kurven gewisse Widerstandsverhältnisse vorgeben, muß in vielen Fällen interpoliert werden. Die Werte für den wahren spezifischen Widerstand können bis zu 50% und die Werte für die Tiefenangaben durchschnittlich bis zu 10% abweichen. Mit zunehmender Aussagetiefe und Anzahl der unterschiedlichen Schichten sowie bei im Verhältnis zur Aussagetiefe geringer Schichtmächtigkeit können die Angaben noch ungenauer werden.

Einige Meßergebnisse mit den wahren spezifischen Widerständen sind auf den Abb. 3, 4 und 5 dargestellt. Die Abb. 3 und 4 zeigen einen Querschnitt durch das Meßgelände parallel zur Fernverkehrsstraße. Abb. 5 gibt ein Querprofil rechtwinklig zur Grundlinie.

In den Schürfgruben und im Rohrgraben wurden in situ mit Hilfe der Miniatur-Elektrik folgende Werte des spezifischen Widerstandes gemessen:

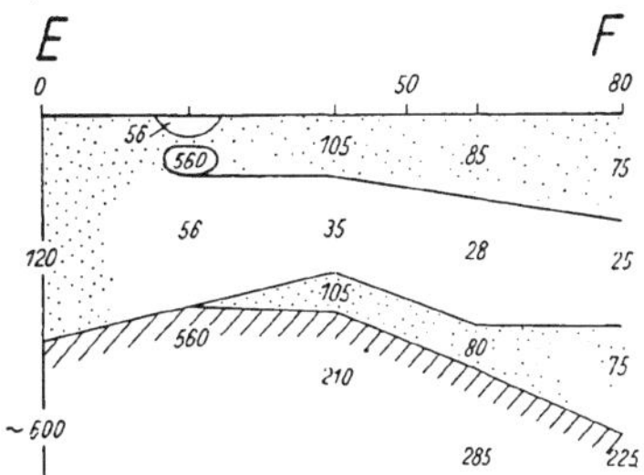

Abb. 5. Profil E—F, rechtwinklig zur Grundlinie, auf dem 75-m-Profil mit den Werten der wahren spezifischen Widerstände

Lehm mit einzelnen Tonschieferschuppen	34 Ωm
Lehm mit Tonschieferstücken	49 Ωm
Lehm mit Tonschieferschuppen	50 Ωm
Gehängeschutt, verlehmt	141 Ωm
Gehängeschutt, schwach verlehmt	180 Ωm

Nach Eintragen der Bohr- und Schürfergebnisse in die Karte der wahren spezifischen Widerstände ergaben sich folgende Beziehungen:

Lehm mit wenig Tonschieferschuppen	bis 50 Ωm
Lehm mit viel Tonschieferschuppen	bis 120 Ωm
Gehängeschutt	bis 200 Ωm
verwitterter Tonschiefer	bis 350 Ωm
Tonschiefer	über 350 Ωm

Danach wurden die Werte über 200 Ωm als Tonschieferoberkante gedeutet und durch Schraffur gekennzeichnet.

Abb. 6. Plan der Lehmmächtigkeiten nach den geoelektrischen Sondierungen mit Linien gleicher Mächtigkeiten

Die gemessenen und errechneten Werte gelten für die örtliche Situation und können nur bedingt auf andere Gebiete übertragen werden. Auch ist an den Anisotropieeffekt bei Tonschiefer zu denken.

Auf Abb. 6 sind die Lehmmächtigkeiten dargestellt, wie sie sich aus den geoelektrischen Sondierungen ergeben. Zur Orientierung ist die Lage der Schnitte AB, CD und EF eingetragen. Außerdem wurden die im Rohrgraben gemessenen sowie die durch Bohrungen und Schürfe ermittelten Lehmmächtigkeiten, soweit das Liegende des Lehms erreicht wurde, angegeben. Es wurden Linien gleicher Lehmmächtigkeiten konstruiert, und zwar die Zwei-, Drei- und Vier-Meter-Linie.

Die Ergebnisse der Messungen zeigen, daß die Geoelektrik zur Lösung derartiger Aufgaben herangezogen werden kann. Der Arbeitsaufwand für ein relativ gut detailliertes Bild über den Aufbau des Untergrundes ist klein. Zweckmäßig erscheint es, die Punkte für die Bohrungen oder sonstigen Aufschlüsse erst nach Durchführung der elektrischen Messungen festzulegen, wenn die Meßergebnisse bereits die Gliederung des Geländes erkennen lassen, wie es im vorliegenden Fall geschah.

Literatur

MOONEY, H. M. & W. W. WETZEL: Potentials about a poin telectrode and apparent resistivity curves for a two-, three- and four-layer earth. — University of Minnesota Press, Minneapolis 1957.

Über die Verbreitung von Brom in chlorhaltigen Wässern[1]

W. I. GUREWITSCH

Das Vorkommen von Brom in den Wässern einer Anzahl von Erdöl- und Salzlagerstätten ist schon lange bekannt. Jedoch wurde erst in den letzten Jahrzehnten durch die Arbeiten der sowjetischen Wissenschaftler A. P. WINOGRADOW, W. A. SULIN, M. G. WALJASCHKO, W. A. KROTOWA und anderer dieser Frage die gebührende Beachtung geschenkt.

A. P. WINOGRADOW (1944) wies auf die Hauptmenge der Migration von Brom hin und hob die Bedeutung des Chlor-Brom-Koeffizienten $\frac{Cl}{Br}$ als Kennzeichen der Genesis von Wässern hervor. W. A. KROTOWA (1956) stellte die Abhängigkeit fest, die zwischen dem Gehalt an Brom und der Tiefe der Lagerung unterirdischer Wässer besteht und führte den „Bromgradienten“ als Exponenten des Grades der hydrologischen Verschließung der Strukturen ein. Eine Reihe von Forschern, L. A. GULJAEWA, T. I. KASMINA, W. A. KROTOWA und andere nehmen an, daß sich der absolute Gehalt an Brom in unterirdischen Wässern entsprechend der Verringerung der Koeffizienten $r\frac{Na}{Cl}$ und $\frac{Cl}{Br}$ parallel mit der Vergrößerung der Umwandlung steigert, die durch die Größe $r\frac{Cl-Na}{Mg}$ erfaßt wird. Eine strenge Abhängigkeit zwischen dem Gehalt an Brom und anderen Komponenten in unterirdischen Wässern erwähnen sie jedoch nicht.

Tatsächlich besteht zwischen den Koeffizienten $r\frac{Na}{Cl}$ und $\frac{Cl}{Br}$ eine deutliche empirische Abhängigkeit[2] (s. Abb.).

Wenn man auf der Abszissenachse die Werte $r\frac{Na}{Cl}$ aufträgt und auf der Ordinatenachse die Werte $\frac{Cl}{Br}$, so liegen die einzelnen Punkte auf einer Kurve von der Art einer Hyperbel. Die Aufstellung ihrer Gleichung wird nach der Methode der Mittelungen vorgenommen.

Für Wässer eines chlorhaltigen Typs (d. h. bei $r\frac{Na}{Cl} \leq 1$) wird das Verhältnis $\frac{Cl}{Br}$ nach der Formel bestimmt:

$$\frac{Cl}{Br} = m\,\frac{1 + r\frac{Na}{Cl}}{1 - r\frac{Na}{Cl}} \qquad (1)$$

wobei m der Koeffizient ist, dessen Mittelwert m_{cp} für 350 Analysen von unterirdischen Wässern eines chlorhaltigen Typs 34 beträgt.

Die angeführte Abhängigkeit (1) ist nach der Meinung des Verfassers nicht nur für die Wässer des Ural—Wolga-Gebietes, sondern auch mit einigen Abweichungen (die für schwach metamorphosierte Wässer bedeutender sind) für die Mehrheit der natürlichen chlorhaltigen Salzwässer und Salzlaugen anwendbar. Der Punkt mit den Parametern des Wassers der Weltmeere ($r\frac{Na}{Cl} = 0{,}79$; $\frac{Cl}{Br} = 290$) liegt ebenfalls auf der Kurve (s. Abb.).

Nachdem man in die Formel (1) $r\frac{Na}{Cl} = 0$ eingesetzt hat, kann man den minimalen theoretischen Chlor-Brom-Koeffizienten leicht bestimmen (für den Fall der intensivsten Umwandlung von chlorhaltigen Wässern):

$$\left(\frac{Cl}{Br}\right)_{min} = 34 \qquad (2)$$

Folglich ist der maximale Gehalt an Brom gleich:

$$Br_{max}\,\frac{10 \cdot d}{34} \cdot Cl\ g/100\ g \approx 0{,}29\ d \cdot Cl\ g/100\ g \qquad (3)$$

wobei d das spezifische Gewicht einer Salzlauge ist.

Im Falle einer maximalen Umwandlung von chlorhaltigen Wässern

$$r\frac{Na}{Cl} \to 0;\ r\frac{Cl-Na}{Mg} \to \infty$$

beträgt der ungefähre maximale Gehalt von Brom (bei $t^\circ \approx 100^\circ$, ausgegangen von der Löslichkeit von CaCl):

$$Br_{max} \approx 0{,}29 \cdot 1{,}5 \cdot 90 \approx 39\ g/l$$

[1]) Aus: „Raswedka i ochrana nedr“, H. 1, 1961, S. 37—39. — Übers.: S. HÜGELLAND

[2]) Für die Bestimmung der Abhängigkeit benutzte der Autor ungefähr 300 Analysen, überwiegend von unterirdischen Wässern des Ural—Wolga-Gebietes (nach W. A. KROTOWA), des Nordens der Russischen Tafel (nach M. A. GATALSKIJ); Jakutiens (nach E. A. BASKOW).

Die Kurve der Abhängigkeit zwischen den Koeffizienten $r\,\frac{Na}{Cl}$ und $\frac{Cl}{Br}$ für Wässer eines chlorhaltigen Typs:

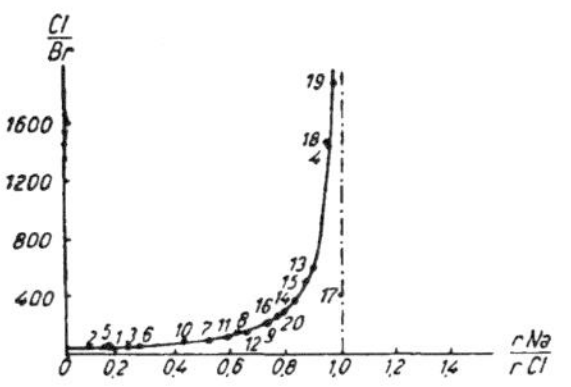

$$\frac{Cl}{Br} = 34, \frac{1 + \frac{rNa}{rCl}}{1 - \frac{rNa}{rCl}}$$

Nach der Meinung des Verfassers kommt Brom mit einem Gehalt von der Größenordnung der ersten 10 g/l in großen Tiefen (~ 10 km) vor.

Den Bromgehalt in Wässern kann man leicht nach einer Formel errechnen, die durch eine einfache Umgestaltung der Gleichung (1) erhalten wurde:

$$rBr = 0{,}0653 \cdot rCl \cdot r\,\frac{Cl - Na}{Cl + Na} \qquad (4)$$

Die Konzentration von Brom in mg/l kann einfach nach der Formel errechnet werden:

$$Br = 52{,}2 \cdot dCl\,\frac{Cl - Na}{Cl + Na} \qquad (5)$$

wobei Chlor und Natrium in Milligramm-Äquivalenten/100 g genommen werden.

Für chlorhaltige Wässer, die in einem hohen Grad metamorphosiert und in hydrogeologisch geschlossenen Strukturen vorhanden sind, ist der mittlere Fehler bei der Berechnung des Bromgehalts nach Formel (5) größenordnungsmäßig 10%. In einigen Fällen grenzt er an die Genauigkeit einer Laboratoriumsbestimmung.

Manchmal jedoch bestehen zwischen der berechneten und der wirklichen Größe des Gehaltes an Brom bedeutende Differenzen. Bei einer Analyse der Ursachen dieser Abweichungen auf Grund konkreten geologisch-hydrogeologischen Materials wird festgestellt, daß eine Verminderung des Gehaltes an Brom gegenüber dem berechneten Wert in den Wässern von Salzseen auftritt, bei einem aktiven — seltener bei einem erschwerten — Wasseraustausch und in natürlichen Wässern, die durch technisches Wasser verdünnt sind.

Auf diese Weise wird der Gehalt an Brom in gemischten und versalzten Wässern gegenüber dem errechneten Bromgehalt vermindert. Bei der Vermischung von chlorhaltigen Wässern, die sich „im Zustand des Gleichgewichts" $r\,\frac{Na}{Cl}$ und $\frac{Cl}{Br}$ befinden, mit Sulfat- und Hydrokarbonatwässern liegen die Punkte in der graphischen Darstellung unterhalb der Kurve.

Eine Erhöhung des berechneten Gehaltes an Brom im Verhältnis zu dem wirklichen wird in den Wässern von Bohrlöchern beobachtet, die mit Salzsäure behandelt wurden, und in Wässern von Auslaugungszonen (die Punkte auf der graphischen Darstellung liegen über der Kurve).

Die gefundene empirische Abhängigkeit zwischen den Koeffizienten $r\,\frac{Na}{Cl}$ und $\frac{Cl}{Br}$ kann bei der Durchführung folgender Arbeiten benutzt werden:

1. bei der Bestimmung der Größenordnung des Gehaltes an Brom in Wässern (nach den Daten der verkürzten Analysen, darunter der Analysen vergangener Jahre usw.);
2. bei der Analyse der hydrogeologischen Verhältnisse;
3. bei der Auswahl von Gebieten, die bei der Suche nach Industriesalzlaugen von hohem Bromgehalt eine Perspektive geben können;
4. bei der Bestimmung der Zusammensetzung von Wässern, die durch technische Lösungen verschmutzt sind.

Die Untersuchung der Hydrogeochemie des Broms wird es gestatten, die Bedingungen der Formierung von unterirdischen Wässern zu bestimmen, weil das Verhalten dieses Elements in Wässern verhältnismäßig einfach beobachtet werden kann.

Literatur

KROTOWA, W. A.: Hydrogeologie. — Arbeiten des WNIGRI, neue Serie, Ausg. 94, Gostoptechisdat, L. 1956.

WINOGRADOW, A. P.: Über den Chlor-Brom-Koeffizienten unterirdischer Wässer. — Dokl. ak. nauk, SSSR, 11, Nr. 2, 1944.

Die quantitative Bestimmung von Mikromengen Jodid in Gegenwart großer Mengen Chlorid in stark mineralisierten Tiefenwässern[1]

HELMUT SCHÄFER & WOLFGANG HAYN, Gommern

Für die Bestimmung von Jodid in Naturwässern wird vielfach die Nitritmethode (Methode A) angewendet, die in der Oxydation des Jodidions nach (I) und der Titration des elementaren Jods nach (II) besteht:

$$2\,J^- + 2\,HONO \rightarrow J_2 + 2\,NO + 2\,OH^- \qquad (I)$$

$$J_{2\,(in\,CCl_4)} + 2\,S_2O_3^{2-} \rightarrow 2\,J^- + S_4O_6^{2-} \qquad (II)$$

In stark mineralisierten Wässern, die an Alkali- und Erdalkalichloriden mitunter gesättigt sind, liefert diese Methode zu kleine Jodwerte, oder es wird überhaupt kein Jod gefunden, auch wenn dieses künstlich zugesetzt wurde. Die Ergebnisse der Jodidbestimmungen in Chloridlösungen sind in Tab. 1 angeführt.

Bei der systematischen Suche nach der Ursache des Versagens der Methode A wurde gefunden, daß Jodid zwar gemäß (I) auch in Gegenwart größerer Mengen Chlorid zum elementaren Jod, dann aber weiter bis zum positiv einwertigen Jod oxydiert wird. Die Wertigkeit des Jods nach der Oxydation von Jodid mit Nitrit in Chloridlösung wurde durch Titration festgestellt, und die Werte der Tab. 3 beweisen eindeutig das Vorliegen von positiv einwertigem Jod.

Die Oxydation des Jodids über Jod bis zum positiv einwertigen Jod führen wir auf das Vorliegen des Gleichgewichts gemäß (III) zurück, das durch die Gegenwart großer Mengen Chlorid stark oder vollständig nach rechts verschoben ist:

$$J_2 + n\,Cl^- \rightarrow J^- + [JCl_n]^{-(n-1)} \qquad (III)$$

Das positiv einwertige Jod besitzt in Chloridlösung eine schwachgelbe Farbe, disproportioniert beim Kochen nicht, ist nicht flüchtig und wird von der Chlorform des

[1]) Eingang des Manuskripts in der Redaktion: 16. 8. 1961

Tabelle 1

Zusatz von Chlorid in g/l (Mol/l Cl^-)	Methode A		Methode B		Methode C	
	gef. ml	Fehler %	gef. ml	Fehler %	gef. ml	Fehler %
aqua dest.	5,01	+ 0,2	4,7	− 6,0	29,82	− 0,6
70 g NaCl (1,2 Mol/l Cl′)	4,28	− 14,4	4,8	− 4,0	29,98	− 0,1
117 g NaCl (2,0 Mol/l Cl′)	3,80	− 24,0	4,83	− 3,4	29,54	− 1,5
140 g NaCl (2,4 Mol/l Cl′)	3,69	− 26,2	4,8	− 4,0	30,20	+ 0,7
193 g NaCl (3,3 Mol/l Cl′)	3,13	− 37,4	4,64	− 7,2	29,26	− 2,5
210 g NaCl (3,6 Mol/l Cl′)	2,53	− 49,4	4,8	− 4,0	29,21	− 2,6
280 g NaCl (4,8 Mol/l Cl′)	0,0	−100	4,6	− 8,0	29,06	− 3,1
350 g NaCl (6,0 Mol/l Cl′)	0,0	−100	4,5	−10,0	29,81	− 0,6
100 g $MgCl_2 \cdot 6H_2O$ (0,5 Cl′)	4,4	− 12,0	4,9	− 2,0	29,38	− 2,1
500 g $MgCl_2 \cdot 6H_2O$ (2,3 Cl′)	0,0	−100	4,6	− 8,0	29,18	− 2,7
300 g $CaCl_2 \cdot 6H_2O$ (1,4 Cl′)	2,1	− 58,0	4,8	− 4,0	29,63	− 1,2

Anionenaustauschers L 150 quantitativ adsorbiert. Deshalb schließen wir das Vorliegen des Jodiniumkations J^+ oder der neutralen Molekel JCl aus und nehmen die Struktur eines Anionenkomplexes $[JCl_n^-]^{(n-1)}$ an.

Unsere Befunde werden durch Literaturangaben gestützt: JOHANNESSON (1958) beschreibt die Oxydation von Jodid in starker Salzsäure durch Nitrit zum schwach gefärbten Jodiniumion J^+. BERK & ZÝKA (1957) überführen Jodid und Jod mit N-Bromsuccinimid als Oxydationsmittel in salzsaurer Lösung in JCl. ČIHALIK (1955) verwendet JCl als Maßflüssigkeit und schreibt ihm die Struktur JCl_2^- zu.

Tabelle 2

Art der Lösung	gef., ml	Fehler, %
aqua dest.	29,98	− 0,1
aqua dest.	30,14	+ 0,5
ges. NaCl-Lösung	29,30	− 2,3
ges. NaCl-Lösung	28,99	− 3,3
ges. NaCl-Lösung	29,13	− 2,9

Die Weiteroxydation des nach (I) gebildeten Jods kann verhindert werden, wenn die überschüssige HONO sofort durch Fe^{2+} gebunden wird (Methode B) gemäß:

$$HONO + 2Fe^{2+} \rightarrow Fe^{3+} + [Fe(NO)]^{2+} + OH^- \qquad (IV)$$

bzw. als Oxydationsmittel das nach (IV) erhaltene System verwendet wird. Unter unseren Reaktionsbedingungen oxydiert Fe^{3+} allein Jodid nicht, während das System nach (IV) auch nach 10 Minuten Stehen J^- quantitativ zu J_2 oxydiert, wie Tab. 2 zeigt. Auch die Methode B liefert noch zu kleine Werte, was wir auf das schlechte Erkennen des Endpunktes beim Titrieren zurückführen. Wir haben es deshalb vorgezogen, das in der Tetrachlorkohlenstoffphase vorliegende Jod nach (V) zu oxydieren und es dann in der wäßrigen Phase nach (VI) jodometrisch zu bestimmen (Methode C):

$$J_2 \xrightarrow{NaOCl} JO_3^- \qquad (V)$$

$$JO_3^- + 5J^- + 6H^+ \rightarrow 3J_2 + 3H_2O \qquad (VI)$$

Die Methode C liefert sehr befriedigende Werte und ist gegenüber der Methode A auch bei sehr hohen Chloridkonzentrationen anwendbar. Wie Tab. 1 zeigt, werden im Mittel um −1,8% zu kleine Werte gefunden, auf den theoretischen Wert bezogen. Die maximalen Abweichungen von diesem Mittelwert betragen ±2,4%. Gegenüber der Methode B hat die Methode C den Vorzug, daß der Endpunkt der Titration sehr genau erkannt werden kann und der Umrechnungsfaktor günstiger ist.

Schließlich wird die Analysenzeit von rund 90 Minuten auf rund 30 bis 35 Minuten herabgesetzt.

Experimenteller Teil

Methode A: 500 ml des zu untersuchenden Wassers, das etwa 0,5—5 mg Jodidionen enthalten soll, werden mit 10 ml 1:1 verdünnter Salzsäure angesäuert. Unter Umschwenken werden 2 ml 2%iges $NaNO_2$ zugegeben. Man extrahiert 4—6mal mit je 25 ml CCl_4 bis zur Farblosigkeit des letzten Extraktes. Die vereinigten Tetraauszüge läßt man mit 10 ml 3%igem Harnstoff und 12 Tropfen 1:1 verdünnter Salzsäure eine volle Stunde zum Zerstören überschüssiger Stickoxyde stehen, wobei man öfters umschüttelt. Danach titriert man mit n/100 Thiosulfat bis zur Farblosigkeit.

Berechnung: mg Jod = ml Thiosulfat × 1,269

Methode B: Man verfährt wie unter Methode A, gibt aber vor der Nitritzugabe 50 ml einer Fe^{2+}-Lösung zu, die pro 1000 ml 80 g $FeCl_2 \cdot 4H_2O$ enthält und die mit einigen Tropfen konzentrierter Salzsäure angesäuert ist. Man beachte bei der Extraktion mit CCl_4, daß mit zunehmendem Gehalt an Chloridionen der Verteilungskoeffizient des Jods zwischen der wäßrigen und der Tetraphase ungünstiger wird. Bei hohen Chloridmengen muß man eventuell bis zu 8mal extrahieren. Die vereinigten, jodhaltigen Tetraphasen extrahiert man zusätzlich mit 200 ml destilliertem Wasser, das Waschwasser wieder mit 25 ml CCl_4. Erst danach läßt man mit Harnstoff und Salzsäure stehen und titriert nach 1 Stunde.

Berechnung: mg Jod = ml Thiosulfat × 1,269

Methode C: Man verfährt zuerst wie unter Methode B, unterläßt aber das Waschen der Tetraphase mit destilliertem Wasser. Man schüttelt die Tetraphase mit 100 ml Wasser, 10 ml Phosphatpuffer (60 g $Na_2HPO_4 \cdot 2H_2O$, 60 g $Na_2HPO_4 \cdot 12H_2O$, 60 g $Na_4P_2O_7 \cdot$

Tabelle 3

Zerstören des Nitritüberschusses durch	gef., ml		Fehler, %	
Kochen	10,17	10,23	+ 1,7	+ 2,3
Kochen	9,95	10,11	− 0,5	+ 1,1
Harnstoff	10,08	9,96	+ 0,8	− 0,4
Amidosulfonsäure	10,25	10,30	+ 2,5	+ 3,0

10 H_2O pro 1000 ml Lösung) und 5,0 ml Hypochloritlösung (1:5 verdünntes Eau de Javelle) 1 Minute kräftig durch. Die Tetraphase verwirft man, die wäßrige Phase kocht man auf, versetzt in der Siedehitze mit 10 ml 1 n Ameisensäure und kühlt nach $^1/_2$ Minute mit Leitungswasser auf mindestens 20° ab. Man gibt eine Spatelspitze KJ zu, dann 10 ml 1:1 verdünnte Salzsäure und titriert das ausgeschiedene Jod sofort mit n/100 Thiosulfat gegen Stärke.

Berechnung: mg Jod = ml Thiosulfat × 0,2115

Die Ergebnisse der Jodidbestimmungen nach den Methoden A, B und C sind in Tab. 1 zusammengestellt. Es wurden jeweils 5 ml n/100 KJ-Lösung in 500 ml Wasser, das mit der angegebenen Menge Chlorid versetzt war, untersucht. Die nach der Methode C erhaltenen Werte sind mit dem Blindwert von 0,62 ml Thiosulfatlösung korrigiert (Mittel aus 5 Bestimmungen), da die Hypochloritlösung etwas Brom enthält. In Tab. 2 sind die Analysenwerte zusammengestellt, die nach Methode C erhalten wurden, wo aber Jodid erst 10 Minuten nach der Nitritzugabe zur Reaktionslösung zugesetzt wurde.

Bestimmung und Verhalten des positiv einwertigen Jods: Man gibt zu 100 ml gesättigter NaCl-Lösung 10 ml 1:1 verdünnte HCl und 5 ml n/100 KJ-Lösung, dann 2 ml 2%ige $NaNO_2$-Lösung. Es tritt die braune Farbe des elementaren Jods auf, die schnell in eine schwach hellgelbe übergeht. Ohne Jodidzugabe wird keine Verfärbung beobachtet. Man zerstört überschüssiges Nitrit, indem man 5 Minuten kocht oder $^3/_4$ Stunden mit 10 ml 3%iger Harnstofflösung stehen läßt oder 5 Minuten mit einer Spatelspitze Amidosulfonsäure umschwenkt. Nach Zerstörung des Nitrits versetzt man mit einer Spatelspitze KJ und titriert das ausgeschiedene Jod mit n/100 Thiosulfat gegen Stärke. Die Versuchsergebnisse sind in Tab. 3 zusammengestellt. Der Fehler wurde unter der Annahme berechnet, daß das oxydierte Jodid in der positiv einwertigen Stufe vorliegt.

Die wie vorstehend erhaltene, schwachgelbe, J^+-haltige Lösung enthält nach dem Durchleiten durch eine Säule der Chlorform des Anionits L 150 kein Jod mehr. Das positiv einwertige Jod wird in den obersten Schichten des Anionits adsorbiert, wie durch Entwickeln mit KJ-Lösung und Stärke leicht festgestellt werden kann. Mit Stärke gibt die J^+-haltige Lösung erst nach der Zugabe von festem KJ eine intensive Blaufärbung. Die schwachgelbe Farbe schlägt beim Alkalisieren mit 60 ml 1 n NaOH in farblos um. Nach 5 Minuten Kochen und erneutem Ansäuern tritt die schwachgelbe Farbe wieder auf. Mit Stärke liefert die wiederangesäuerte Lösung nur eine sehr geringe Blaufärbung.

Literatur

BERK, A. & J. ZYKA: N-Bromsuccinimid als oxymetrisches Reagenz zur Bestimmung von Jod, Jodid, Arsen (III) und Isonikotinsäurehydrazid. – Čcskoslov. Farmac., **6**, S. 110, Praha 1957. (Ref. in Z. analyt. Chem., **160**, S. 376, Berlin 1958.)

ČIHALIK, J. & D. VAVREINOVA: Die Anwendung von Jodmonochloridlösung als Maßflüssigkeit. – Chem. Listy, **49**, S. 693, Praha 1955. (Ref. in Z. analyt. Chem., **150**, S. 283, Berlin 1956.)

JOHANESSON, A: Bestimmung von Jodid. – Analyt. Chemistry, **30**, S. 1535, Washington 1958. (Ref. in Z. analyt. Chem., **168**, S. 207, Berlin 1959.)

Wahre und scheinbare Mächtigkeit geneigter Schichten in Saigerbohrungen und ihr Einfluß auf Vorratsbegrenzung und Vorratsberechnung von Flözlagerstätten[1])

OTFRIED WAGENBRETH, Halle (mit einem Beitrag von GEORG PRIMKE, Halle)

Allgemein ist bekannt, daß eine Bohrung nur dann die wahre Mächtigkeit einer Schicht unmittelbar liefert, wenn sie diese senkrecht zu ihrer Hangend- und Liegendfläche durchteuft. Da bei der Vorratsberechnung von Flözlagerstätten die Mächtigkeit ein wesentlicher Faktor ist, erscheint die Forderung, stets aus der scheinbaren die wahre Mächtigkeit zu berechnen, zunächst als berechtigt. Eine genauere Prüfung des Problems ergibt jedoch, daß eine solche Umrechnung nur in bestimmten Fällen sinnvoll möglich und noch seltener nötig ist.

1. Beurteilung der Meßwerte

Wird eine geneigte Schicht von einer senkrechten Bohrung durchteuft, so erscheint bekanntlich bei der Aufnahme der Bohrung diese Schicht in einer Mächtigkeit, die größer ist als die wahre, die sich aus der scheinbaren mit Hilfe der Kosinus-Funktion berechnen läßt. Wenn m die wahre Mächtigkeit, m′ die scheinbare Mächtigkeit und α der Fallwinkel ist, so gilt (Abb. 1)

$$m = m' \cos \alpha \qquad (1)$$

Dieselbe Beziehung besteht natürlich auch bei Schrägbohrungen in söhligen und nichtsöhligen Schichten, allerdings erweitert durch Funktionen des Fallwinkels β der Bohrung (Abb. 2). Wenn die Fallrichtung der Bohrung derjenigen der Schicht entgegengesetzt ist, gilt die Formel

$$\begin{aligned} m &= m' \cos[90 - (\alpha + \beta)] \\ m &= m' \sin(\alpha + \beta) \end{aligned} \qquad (2)$$

Wenn die Fallrichtung der Bohrung der der Schicht gleichgerichtet ist, gilt die Formel

$$\begin{aligned} m &= m' \cos[90 + (\alpha - \beta)] \\ m &= m' \sin(\beta - \alpha) \end{aligned} \qquad (3)$$

Bilden Fallrichtung von Bohrung und Schicht einen von 0 oder 180° abweichenden Winkel, so werden die Funktionen entsprechend komplizierter. Alle diese Umrechnungen setzen voraus, daß Streichen, Fallrichtung und Fallwinkel der Schicht sowie die Neigung des Bohrloches bekannt sind. Ist dies der Fall, dann lassen sich also aus den erbohrten scheinbaren Mächtigkeiten die stets kleineren wahren Mächtigkeiten errechnen.

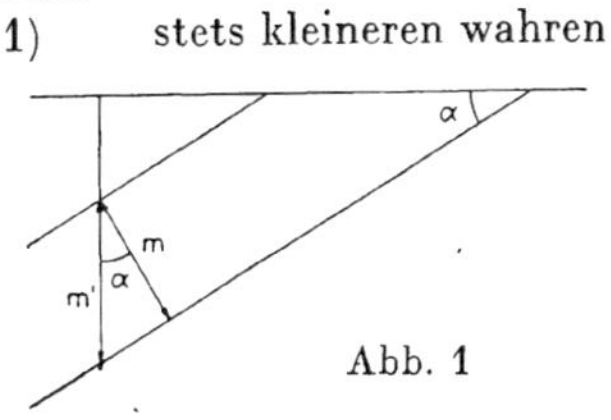

Abb. 1

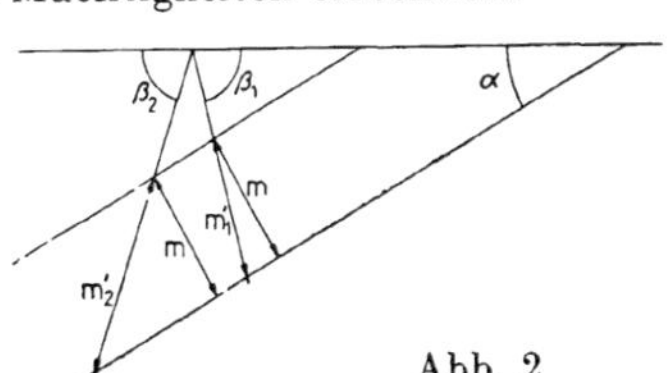

Abb. 2

[1]) Eingang des Manuskripts in der Redaktion: 26. 7. 1961

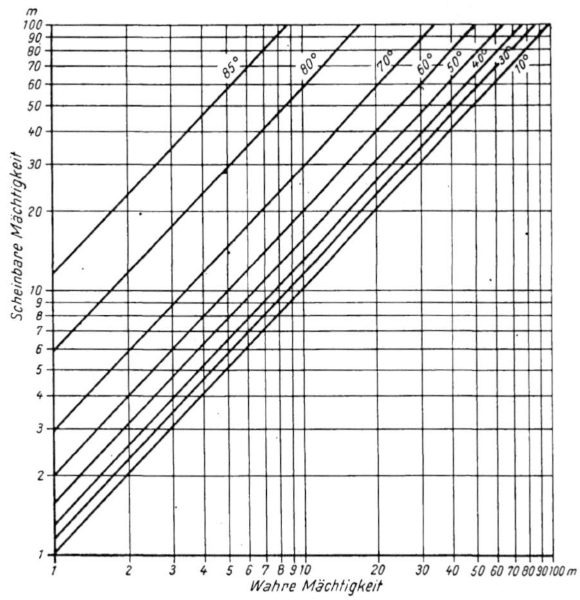

Abb. 3a

Da alle zur Umrechnung von der scheinbaren auf die wahre Mächtigkeit erforderlichen Stücke nur mit einer gewissen Ungenauigkeit bestimmbar sind, fragt es sich, in welchen Fällen eine solche Umrechnung überhaupt möglich ist.

Wenn die Differenz zwischen scheinbarer und wahrer Mächtigkeit kleiner ist als die Fehlergrenze, die sich aus der Ungenauigkeit der bestimmenden Werte ergibt, dann wird die Umrechnung auf die wahre Mächtigkeit sinnlos, und an deren Stelle kann ohne weiteres die erbohrte scheinbare Mächtigkeit verwendet werden.

Die Neigung des Bohrloches weicht bekanntlich oft vom Lot bzw. bei Schrägbohrungen von dem beabsichtigten Fallwinkel β ab, kann aber durch geophysikalische Bohrlochmessungen mit einiger Genauigkeit bestimmt werden. Durch abweichende Neigung des Bohrloches wird der am Bohrkern bestimmte Fallwinkel scheinbar größer oder kleiner als der wahre Fallwinkel, je nachdem, ob die Bohrung in der Fallrichtung der Schichten oder dieser entgegengesetzt abgelenkt wird. Da eine Ablenkung in der Fallrichtung häufiger ist, werden die scheinbaren Fallwinkel am Bohrkern meist größer sein. Wo stärkere Bohrlochabweichungen zu erwarten sind, werden in der Regel Neigungsmessungen durchgeführt, so daß Verfälschungen des Fallwinkels der Schichten durch die Bohrlochneigung meist auszuklammern sind. Geringe, nichterfaßte Bohrlochabweichungen verfälschen den Fallwinkel der Schichten in nur geringem Maße, um weniger als 5°, wobei dieser Fehler meist kleiner ist als die Meßgenauigkeit des Fallwinkels selbst. Abweichungen in der Bohrlochneigung von der Senkrechten sowie Schrägbohrungen sollen deshalb im folgenden unberücksichtigt bleiben.

Streichen und Fallrichtung der Schicht bilden bekanntlich miteinander einen rechten Winkel. Sie können nicht am Bohrkern bestimmt werden (es sei denn, dieser wird orientiert gezogen), sondern lassen sich nur durch geophysikalische Bohrlochmessung, und zwar sogenannte Stratamessungen, oder in günstigen Fällen durch tektonische Analyse der Umgebung ermitteln. Fehler in der Bestimmung des Streichens haben einen nur geringen Einfluß auf die Genauigkeit des Fallwinkels, wenn dieser sehr groß oder sehr klein ist. Bei mittleren Fallwinkeln wirken sich Fehler in der Bestimmung des Streichens stärker aus. Aber selbst bei 45° Fallwinkel erzeugt ein 30° großer Fehler in der Messung des Streichens einen Fallwinkelfehler von weniger als 5°.

Bei Saigerbohrungen, die allein hier weiter behandelt werden, spielen überdies Streichen und Fallrichtung für die Umrechnung der scheinbaren in die wahre Mächtigkeit grundsätzlich keine Rolle.

Der Fallwinkel der Schicht läßt sich am Bohrkern — wenn man Unregelmäßigkeiten der Schichtfläche, die Größe der Meßfläche usw. berücksichtigt — nur selten genauer als auf 5° messen. Fallwinkel im Bereich 0—5° ergeben sich nie sicher aus Bohrkernen, sondern am ehesten noch aus konstruierten Schnitten durch mehrere Bohrungen, wobei allerdings in der Regel von Lagerungsstörungen (Verbiegungen und Verwerfungen) zwischen den Bohrungen weitgehend abstrahiert werden muß. Die Entscheidung, ob die so durch Konstruktion ermittelte flachere Lagerung zutrifft, muß auf Grund der örtlichen Erfahrung gefällt werden.

Wann eine erbohrte „scheinbare Mächtigkeit" in die wahre Mächtigkeit umzurechnen ist, hängt von der Differenz dieser Mächtigkeiten

$$\Delta m = m' - m \tag{4}$$

ab. Diese Differenz ist wiederum nach Formel (1) eine Funktion des Fallwinkels und der absoluten Mächtigkeiten. Zur Beantwortung unserer Frage muß also noch geklärt werden, mit welcher Genauigkeit die scheinbare Mächtigkeit einer Schicht im Bohrkern bestimmt werden kann. Bei gleichmäßig mächtigen Schichten, deren Mächtigkeit so klein ist, daß Hangend- und Liegendfläche in einem Kernstück liegen, läßt sich die Mächtigkeit bis auf 1 cm genau messen. In günstigen Fällen gilt

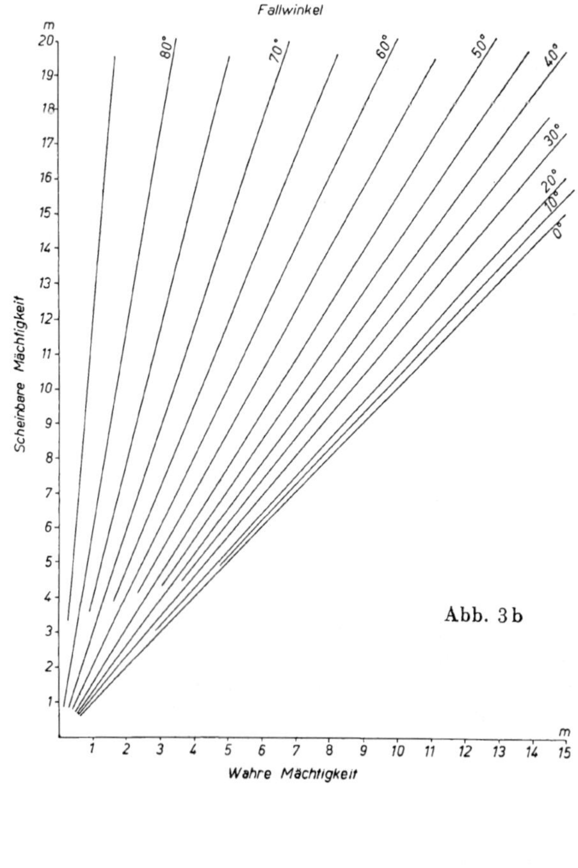

Abb. 3b

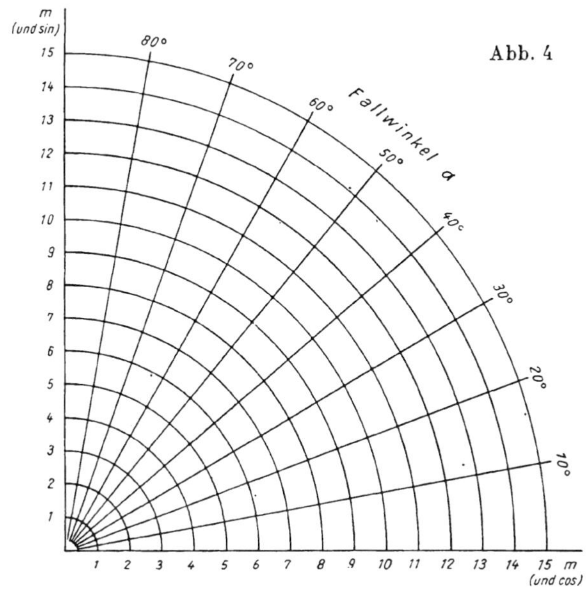

Abb. 4

dies noch für eine Schicht, die auf zwei Kernstücke verteilt ist, wobei der Bruch zwischen den beiden Kernstücken ohne Substanzverlust erfolgt sein muß. Diese Forderungen sind in der Regel bei Kupferschiefer und öfters auch bei Steinkohlenflözen erfüllt. Die Mächtigkeit der Braunkohlenflöze läßt sich bestenfalls auf 5 cm genau bestimmen (bei vollem Kerngewinn). Meist ist die Ungenauigkeit der Mächtigkeitsbestimmung bei Braunkohle größer und kommt der Meßgenauigkeit der üblichen geophysikalischen Bohrlochmessungen (10 bis 20 cm) nahe. Auch wo eine größere Genauigkeit möglich erscheint, unterliegt man nur einer Täuschung, da die Quellung des Kohlekerns, dadurch bedingte Vertuschung von Kernverlust im angrenzenden Nebengestein und schließlich das Zerbrechen und Abbröckeln des Kohlekernes Fehler mindestens in der Größenordnung von 5—10 cm verursachen. Bei sichtbarem Kernverlust ist der Fehler noch entsprechend größer, sofern die Mächtigkeit nicht durch die geophysikalischen Bohrlochmessungen bestimmt wurde. Außerdem erreichen die durch die Vorgänge der Flözbildung bedingten Unregelmäßigkeiten der Flözmächtigkeit zwischen zwei benachbarten Bohrungen mindestens die Größenordnung von 10—20 cm.

Die Überlegungen über den Wert der am Bohrkern erhaltenen Meßwerte erlauben uns eine Benutzung der folgenden Nomogramme.

2. Nomogramme zur Umrechnung der scheinbaren in die wahre Mächtigkeit

Mit Hilfe der Formel (1) lassen sich Nomogramme aufstellen, die das Verhältnis von scheinbarer zu wahrer Mächtigkeit bei bestimmtem Fallwinkel zeigen (Abb. 3a und 3b). Für die größeren Fallwinkel empfiehlt sich dabei die Verwendung doppelt-logarithmischer Koordinaten (Abb. 3a), für die kleinen Fallwinkel dagegen ein normales Koordinatennetz (Abb. 3b). Dem Nachteil, daß dieses nicht über mehrere Größenordnungen hinweg reicht, kann man dadurch begegnen, daß man den Koordinatenteilungen je nach Bedarf verschiedene Einheiten beilegt, z. B. Zentimeter, Meter, Dezimeter und Dekameter.

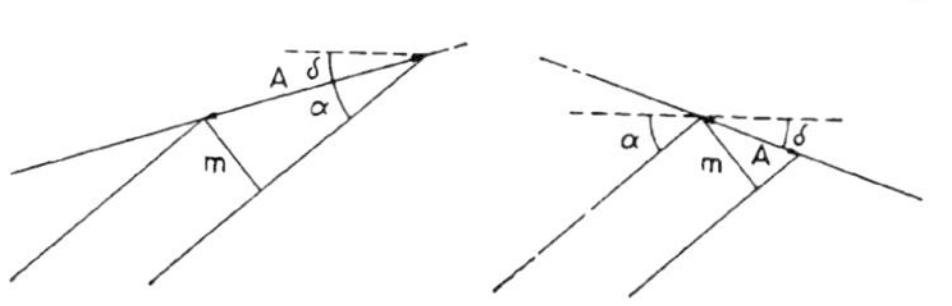

Abb. 5

Der Gebrauch der Nomogramme ist sehr einfach: Auf der Ordinatenachse liest man die erbohrte scheinbare Mächtigkeit ab, geht dann horizontal herüber bis zu der zugehörigen Fallwinkellinie und von dieser senkrecht hinunter auf die Abszissenachse, auf der die gesuchte wahre Mächtigkeit abzulesen ist.

Im Gebrauch um nur weniges komplizierter ist ein Vorschlag von G. PRIMKE. Dafür hat dieses Nomogramm (Abb. 4) den Vorteil, daß es die Art der Beziehung zwischen scheinbarer und wahrer Mächtigkeit, d. h. die Kosinusfunktion der Formel (1), sogleich graphisch erkennen läßt. Im Nomogramm von G. PRIMKE sucht man die scheinbare Mächtigkeit in der Abszissenachse auf, folgt dem zugehörigen Kreisbogen bis zu dem betreffenden Fallwinkel, geht von dem so erhaltenen Punkt senkrecht hinunter und liest auf der Abszissenachse den Kosinus ab, der zu der scheinbaren Mächtigkeit und dem Fallwinkel gehört, d. h. eben nach Formel (1) die wahre Mächtigkeit.

Das Diagramm von G. PRIMKE erlaubt ferner, die Ausbißbreite einer durchbohrten schrägen Schicht in beliebig geneigtem Gelände zu bestimmen: Bekanntlich gelten für die Ausbißbreite in einem unter δ Grad geneigten Gelände die Formeln

$A = \frac{m}{\sin(\alpha - \delta)}$, wenn Schicht und Gelände in gleicher Richtung geneigt sind und

$A = \frac{m}{\cos[90 - (\alpha + \delta)]} = \frac{m}{\sin(\alpha + \delta)}$, wenn Schicht und Gelände entgegengesetzt geneigt sind (Abb. 5).

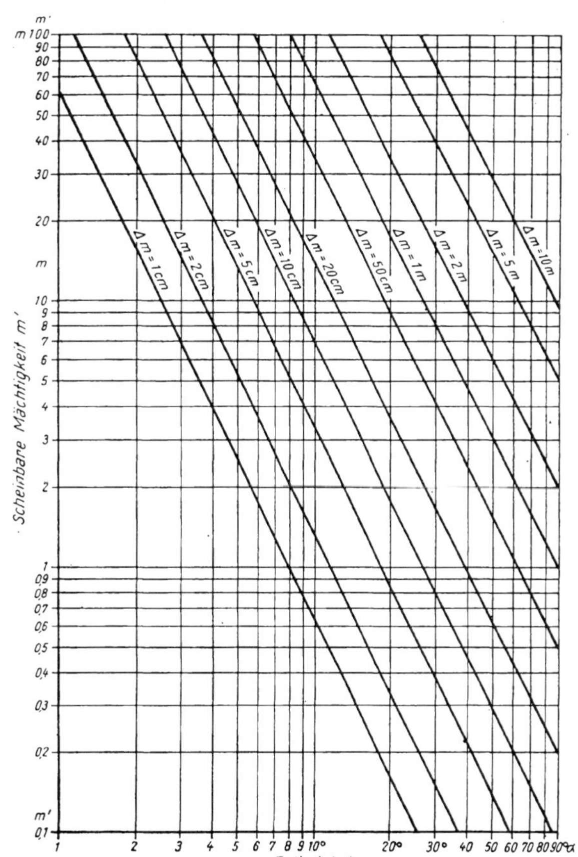

Abb. 6

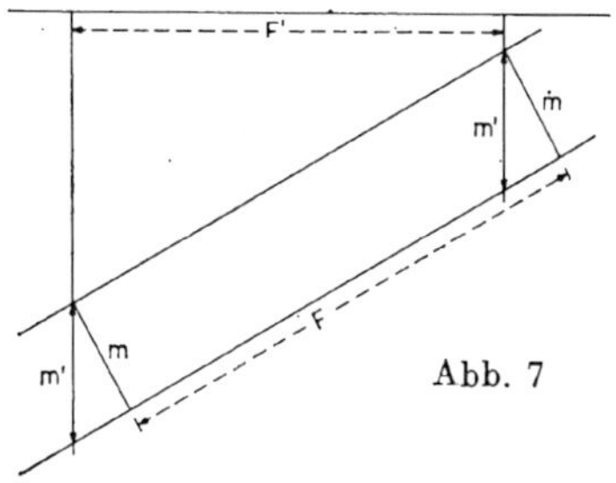

Abb. 7

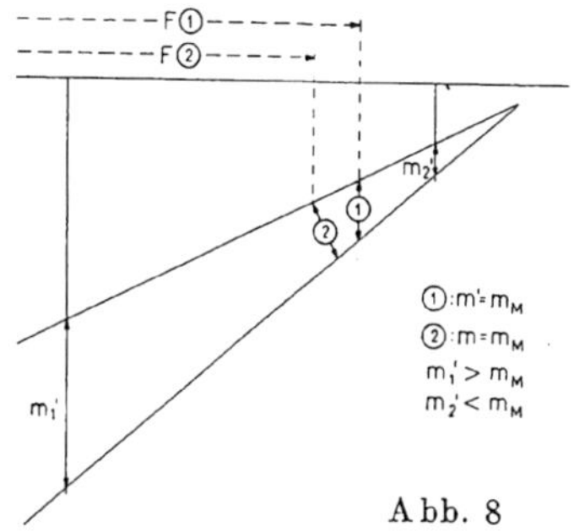

Abb. 8

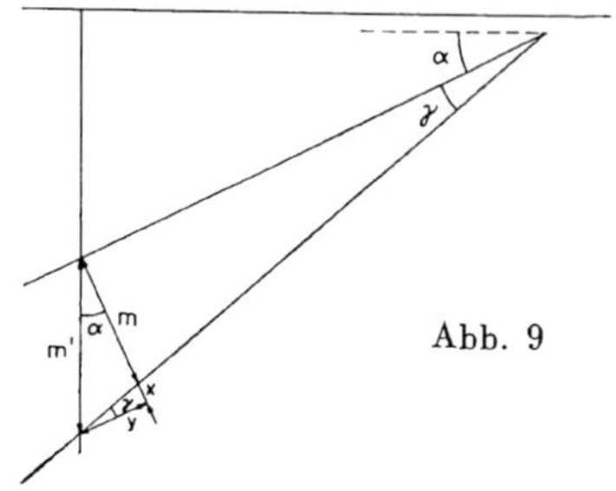

Abb. 9

In diesen Formeln kann die Ausbißbreite grundsätzlich als „scheinbare Mächtigkeit" im Sinne der Nomogramme behandelt und aus diesen ermittelt werden, nur daß nun die Winkeldifferenz in der Sinus-Funktion berücksichtigt werden muß. Dazu sucht man auf der Ordinatenachse die wahre Mächtigkeit auf, geht waagerecht nach rechts bis auf den Winkelstrahl, der der Winkeldifferenz $(\alpha - \delta)$ bzw. der Winkelsumme $(\alpha + \delta)$ entspricht, und von dem so erhaltenen Punkt auf dem zugehörigen Kreis zurück zur Ordinatenachse, auf der die gesuchte Ausbißbreite abzulesen ist.

Für die kleinen Fallwinkel und zur Beantwortung unserer Frage, wann eine Umrechnung überhaupt sinnvoll ist, kann ein weiteres Nomogramm (Abb. 6) dienen, das über den Fallwinkeln und neben den erbohrten scheinbaren Mächtigkeiten die Differenzen zwischen dieser und der wahren Mächtigkeit zeigt. Zur Konstruktion des Nomogramms wurde die Formel (4) benutzt, in die der Wert für m aus Formel (1) eingesetzt wurde:

$$(1)\ \Delta m = m'(1 - \cos\alpha) \qquad (4)$$

Die wahre Mächtigkeit einer Schicht erhält man also, indem man von der scheinbaren Mächtigkeit die vom Nomogramm über dem zugehörigen Fallwinkel angegebene Mächtigkeitsdifferenz subtrahiert.

Unter Berücksichtigung dessen, was im vorigen Abschnitt über die Genauigkeit der Mächtigkeitsmessung gesagt wurde, gestattet das Nomogramm sofort eine Prüfung, ob erbohrte scheinbare Mächtigkeiten in wahre umzurechnen sind oder nicht: Liegt ein erbohrtes Kupferschiefer- oder Steinkohlenflöz nach scheinbarer Mächtigkeit und Fallwinkel links der 1-cm Linie oder ein Braunkohlenflöz links der 5-cm-Linie, so ist eine Umrechnung sinnlos, da die Mächtigkeitsdifferenz kleiner als die Genauigkeit der Mächtigkeitsmessung ist. Überschaut man das Nomogramm, so erkennt man, daß bei Kupferschiefer und Steinkohle in den bei uns vorliegenden Verhältnissen öfter eine Umrechnung möglich wird, während die Braunkohlenflöze der DDR praktisch alle links der 5-cm-Linie liegen, also kaum je umgerechnet zu werden brauchen.

Nur in steil eingemuldeten Flözen stark glazigen oder auslaugungstektonisch gestörter Lagerstättenteile kann auch bei Braunkohle eine Umrechnung erforderlich werden, sofern sich die Mächtigkeit dabei genügend genau bestimmen läßt. Meist schwankt aber bei solchen Lagerungsverhältnissen die Mächtigkeit eines Braunkohlenflözes auf engem Raum derart, daß eine Umrechnung wiederum keinen Sinn hat.

3. Die scheinbare Mächtigkeit bei der Vorratsberechnung

Die bekannte Grundformel der Vorratsberechnung

$$V = F \cdot m \qquad (5)$$

worin V = Vorratsvolumen, F = Grundfläche und m = Mächtigkeit bedeuten, legt bei flüchtiger Betrachtung die Forderung nahe, daß zur Vorratsberechnung die wahre Mächtigkeit zu benutzen sei, zumal diese stets kleiner als die scheinbare ist und diese deshalb zu große Vorratszahlen liefern könne. Diese Forderung ist falsch, wenn man die Grundfläche eines Vorratsblockes der Karte entnimmt, da diese nur eine Projektion der Grundfläche auf die Horizontalebene bietet. Diese Projektion F' ist in dem Maße kleiner als die wahre Grundfläche F, wie die scheinbare Mächtigkeit größer als die wahre ist. (Abb. 7). Es gilt deshalb die Vorratsformel

$$V = F \cdot m = F' \cdot m' \qquad (6)$$

Wenn also die Grundflächen der Vorratsblöcke der Karte entnommen werden (was meist der Fall ist), dann muß zur Vorratsberechnung die scheinbare Mächtigkeit benutzt werden.

4. Die scheinbare Mächtigkeit bei der Vorratsbegrenzung

Die Umrechnung von der scheinbaren auf die wahre Mächtigkeit kann wichtig werden, wenn es gilt, bei einfallendem, auskeilendem Flöz als Begrenzung des Vorratsblockes eine Linie bestimmter, von der Industrie angegebener Mindestmächtigkeit m_M festzulegen. Dies geschieht in der Regel durch Interpolation, begrenzte oder unbegrenzte Extrapolation. Verwendet man dafür bei geneigten, auskeilenden Flözen die scheinbaren Mächtigkeiten, dann schließt der so umgrenzte Vorratsblock auch Flözteile ein, deren wahre Mächtigkeit unter der von der Industrie geforderten Mindestmächtigkeit liegt (Abb. 8, F 1). Bei Verwendung der scheinbaren Mächtigkeit zur Vorratsbegrenzung werden die ermittelten Vorräte also stets zu groß (Abb. 8).

Dieser Fehler wird vermieden, wenn man alle zur Interpolation oder Extrapolation benutzten scheinbaren Mächtigkeiten auf die wahren umrechnet und mit deren Hilfe die Vorratsbegrenzung ausführt.

Es fragt sich nun, ob und wo es nötig ist, dieses genaue, bei umfangreichen Bohrunterlagen zeitraubende Verfahren anzuwenden, oder ob es nicht in manchen Fällen genügt, mit der „scheinbaren Mindestmächtigkeit" m'_M zu arbeiten. Um diese Frage quantitativ zu beantworten, müssen wir zunächst die Beziehungen ableiten, die zwischen wahrer und scheinbarer Mächtigkeit, Fallwinkel, Auskeilungswinkel, geneigter Länge im Profil und deren Projektion auf die Karte sowie Maßstab und Zeichengenauigkeit bestehen.

Die Beziehung zwischen wahrer und scheinbarer Mächtigkeit bei einer einfallenden, gleichmäßig mächtigen Schicht ist bereits oben in Formel (1) genannt. Bei einer einfallenden, auskeilenden Schicht geht dazu noch der Auskeilungswinkel γ der Schicht in die Formel ein. Dabei ist zu berücksichtigen, daß die wahren Mächtigkeiten einer auskeilenden Schicht verschieden sind, je nachdem man sie auf der Ober- oder der Unterfläche der Schicht senkrecht stehen läßt und je nachdem man sie durch das Bohrloch dort legt, wo dieses das Hangende, die Mitte oder das Liegende der Schicht berührt. Wir messen im folgenden für die nachfolgende Ableitung die Mächtigkeit senkrecht zur Hangendfläche, und zwar von dem Punkt ausgehend, wo das Bohrloch die Hangendfläche berührt. So erhalten wir die kleinste der auf die Hangendfläche bezogenen wahren Mächtigkeiten (Abb. 9). Es gilt folgende Ableitung:

$$m = m' \cos\alpha - x \qquad (7)$$

$$\frac{x}{y} = \operatorname{tg}\gamma \qquad (8)$$

$$\frac{y}{m'} = \sin\alpha \qquad (9)$$

$$x = m' \sin\alpha \operatorname{tg}\gamma \qquad (8, 9)$$

$$m = m'(\cos\alpha - \sin\alpha \operatorname{tg}\gamma) \qquad (7, 8, 9)$$

eingesetzt in (4):

$$\Delta m = m'(1 - \cos\alpha + \sin\alpha \operatorname{tg}\gamma) \qquad (10)$$

Die Formel geht in die Formel

$$\Delta m = m'(1 - \cos\alpha) \qquad (\text{cf } 4)$$

über, wenn $\gamma = 0$ wird, d. h., praktisch eine gleichmäßig mächtige Schicht vorliegt. Sinn hat die Formel nach den Voraussetzungen jedoch nur, solange die Summe $\alpha + \gamma < 90°$ ist (s. Abb. 9). Andernfalls wird die scheinbare Mächtigkeit unendlich groß und damit irreal.

Die Beziehung zwischen einer geneigten Länge a im Profil und deren Projektion a' auf die Karte ist allgemein bekannt (Abb. 10).

$$\frac{a}{a'} = \frac{1}{\cos\alpha} \qquad (11)$$

oder anders ausgedrückt:

$$\frac{a_1' - a_2'}{a_1 - a_2} = \frac{\Delta a'}{\Delta a} = \cos\alpha \qquad (11)$$

Die Beziehung zwischen der Begrenzungsverschiebung und einer Mächtigkeitsdifferenz als Funktion des Auskeilungswinkels lautet (Abb. 11)

$$\frac{a_1 - a_2}{m_1 - m_2} = \frac{\Delta a}{\Delta m} = \operatorname{ctg}\gamma \qquad (12)$$

$$\Delta a = \Delta m \operatorname{ctg}\gamma \qquad (12)$$

Wir suchen jedoch die Projektion $\Delta a'$ der Begrenzungsverschiebung, und zwar für den Fall, daß die scheinbare Mächtigkeit m_2' gleich der von der Industrie vorgeschriebenen Mindestmächtigkeit m_M ist: In Formel (12) ersetzen wir Δm aus Formel (10), wobei m' durch die Konstante m_M ersetzt wird:

$$\Delta a = m_M(1 - \cos\alpha + \sin\alpha \operatorname{tg}\gamma)\operatorname{ctg}\gamma \qquad (13)$$

Von dieser Formel gehen wir mit Hilfe der Formel (11) zur Projektion über:

$$\Delta a' = m_M \cos\alpha \operatorname{ctg}\gamma(1 - \cos\alpha + \sin\alpha \operatorname{tg}\gamma) \qquad (14)$$

$$\Delta a' = m_M \cos\alpha \left(\frac{1 - \cos\alpha}{\operatorname{tg}\gamma} + \sin\alpha\right) \qquad (14)$$

Die Begrenzungsverschiebung ist also desto größer, je größer die geforderte Mindestmächtigkeit und je kleiner der Auskeilungswinkel ist. Bei kleinen und bei großen Fallwinkeln ist die Begrenzungsverschiebung klein, und zwar bei kleinen Fallwinkeln, weil dann die Differenz zwischen wahrer und scheinbarer Mächtigkeit klein ist, und bei großen Fallwinkeln, weil dann die Projektion dieser Differenz klein wird.

Am größten ist die Begrenzungsverschiebung bei mittleren Fallwinkeln (50—60°). Allein die Funktionen des Fallwinkels betrachtet, müßte die Begrenzungsverschiebung bei $\alpha = 60°$ am größten sein ($\cos\alpha = 0{,}5$). Das Maximum wird jedoch durch den mit in der Formel enthaltenen Auskeilungswinkel etwas zu den kleineren Winkeln verschoben.

Hat man mit Hilfe der vorgeschriebenen Mindestmächtigkeit, des Fallwinkels und des Auskeilungswinkels die Begrenzungsverschiebung für den Übergang von scheinbarer zu wahrer Mindestmächtigkeit errechnet, so muß man mit Hilfe des für den Vorratsriß gewählten Maßstabes beurteilen, ob die Verschiebung so groß ist, daß sie berücksichtigt werden muß. Als höchst erreichbare Zeichengenauigkeit kann dabei 0,02 cm gelten. Diese Genauigkeit bedeutet bei einem

Maßstab von:	eine Länge von:
1:100	2 cm
1:200	4 cm
1:500	10 cm
1:1000	20 cm
1:2000	40 cm
1:5000	1 m
1:10000	2 m
1:25000	5 m

Alle Begrenzungsverschiebungen, die größer als die in der Tabelle rechts genannten Zahlen sind, können gezeichnet werden. Ob unter diesen Umständen eine Begrenzungsverschiebung zu zeichnen ist, kann man durch Verwendung eines Nomogramms (Abb. 12) abschätzen.

In dem Nomogramm sind für die in der Kali- und der Braunkohlen-Instruktion geforderte Mindestmächtigkeit von 2 m die Begrenzungsverschiebungen in Abhängigkeit vom Fallwinkel und vom Auskeilungswinkel aufgetragen. Das Nomogramm ist wie folgt zu benutzen: In zwei benachbarten Bohrungen liege ein Flöz in verschiedenem Niveau und verschiedenen Mächtigkeiten (mehr bzw. weniger als 2 m) vor. Fallwinkel und Auskeilungswinkel kann man entweder sogleich einem

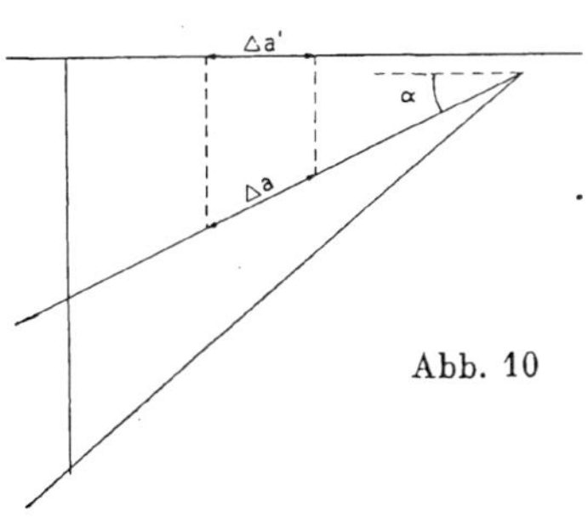

Abb. 10

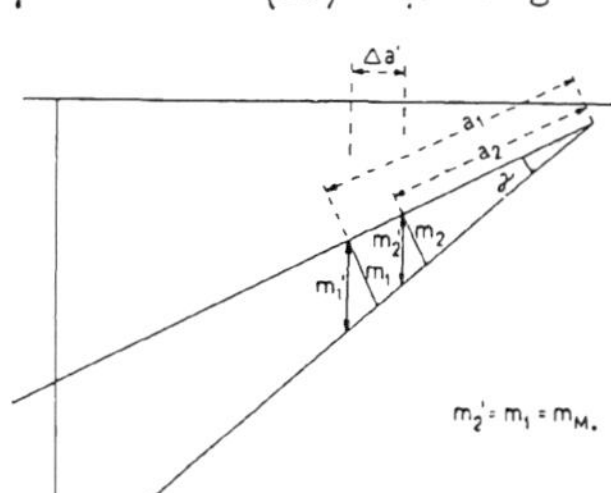

Abb. 11

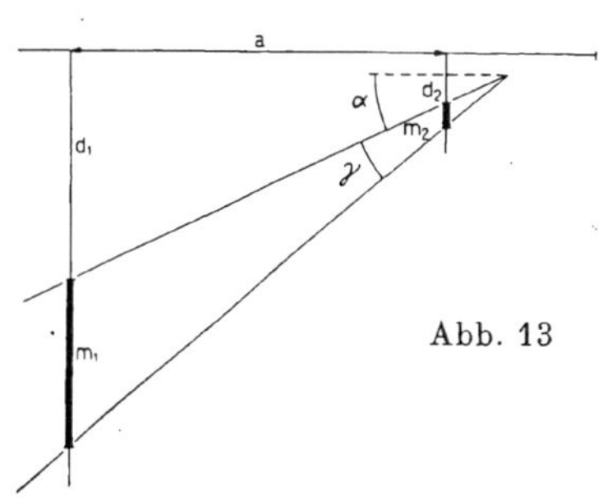

Abb. 13

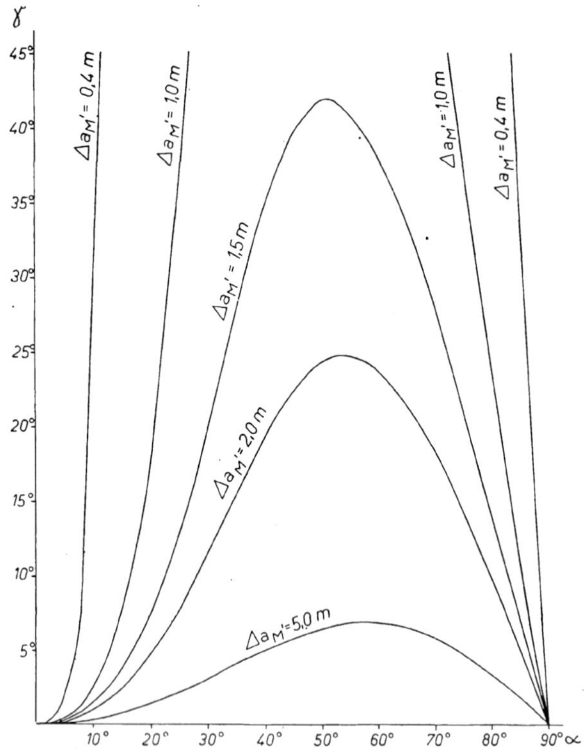

Abb. 12

gezeichneten Profilschnitt der Lagerstätte entnehmen oder aus den Bohrergebnissen berechnen (Abb. 13).

Aus der Formel

$$\operatorname{tg} \alpha = \frac{d_1 - d_2}{a} \qquad (15)$$

ergibt sich der Fallwinkel der Flözhangendfläche. Aus der Formel

$$\operatorname{tg} (\alpha + \gamma) = \frac{d_1 - d_2 + m_1 - m_2}{a} \qquad (16)$$

ergibt sich nach Subtraktion des Fallwinkels α der Auskeilungswinkel γ. Sucht man nun im Nomogramm den zugehörigen Wert der Begrenzungsverschiebung auf, so kann man unter Berücksichtigung des Maßstabes ohne weiteres ablesen, ob die Begrenzungsverschiebung überhaupt noch zeichenbar ist oder nicht. Beispiele: Beim Maßstab des Vorratsrisses von 1:10000 ist die noch zeichenbare Begrenzungsverschiebung 2 m. Das Nomogramm zeigt bei 2 m geforderter Mindestmächtigkeit sowie einem Fallwinkel von 15° und einem Auskeilungswinkel von 5° weniger als 2 m Begrenzungsverschiebung. Es ist hier also nicht nötig, von der scheinbaren auf die wahre Mächtigkeit umzurechnen. Bei einem Maßstab von 1:2000 ist die zeichenbare Begrenzungsverschiebung 40 cm. Bei einem Fallwinkel von 30° und einem Auskeilungswinkel von 3° liegt die Begrenzungsverschiebung aber über 5 m, liegt also weit über der Zeichengenauigkeit. In diesem, etwa für Steinkohlenflöze möglichen Fall muß also statt der scheinbaren die wahre Mächtigkeit benutzt werden. (Bei stärkerem Einfallen und gleichbleibender Mächtigkeit ist es durchaus denkbar, daß die scheinbare Mächtigkeit eines Steinkohlenflözes weithin über, die wahre Mächtigkeit aber unter der Bilanzwürdigkeit liegt. In diesem Fall würden der Industrie unbrauchbare Vorräte angeboten.)

Die hier gewählten Voraussetzungen sind relativ streng. Wird z. B. die Zeichengenauigkeit von 0,02 cm nicht erreicht, so wird die Umrechnung von der scheinbaren auf die wahre Mächtigkeit zur Vorratsbegrenzung erst bei entsprechend größeren Begrenzungsverschiebungen nötig. Eine ganz andere Frage ist, ob bei Benutzung der scheinbaren Mächtigkeit zur Vorratsbegrenzung ein relativ großer oder kleiner Fehler der Vorratsmenge entsteht. Je größer die Lagerstätte, desto weniger fallen Fehler ins Gewicht, die durch unterlassene Begrenzungsverschiebung von scheinbarer auf wahre Mindestmächtigkeit entstehen, selbst wenn diese Verschiebungen zeichenbar sind. Dieser Gesichtspunkt läßt sich natürlich nicht in Regeln fassen.

Überschaut man die hier theoretisch abgeleiteten Zusammenhänge in Hinblick auf die Lagerungsverhältnisse unserer Braunkohlen-, Steinkohlen- und Kalilagerstätten, so ergibt sich:

Bei der Begrenzung von Braunkohlenvorräten kann in fast allen Fällen die scheinbare an Stelle der wahren Mächtigkeit benutzt werden.

Bei der Begrenzung von Steinkohlen- und wohl auch von Kalivorräten ist von Fall zu Fall mit Hilfe des Fallwinkels, des Auskeilungswinkels und des Rißmaßstabes zu entscheiden, ob eine Umrechnung von der scheinbaren auf die wahre Mächtigkeit erforderlich ist. In einer Anzahl von Fällen wird sich eine solche Umrechnung erübrigen.

Zusammenfassung

Nach Angaben über die Genauigkeit der Bestimmung von Bohrlochneigung, Streichen und Fallrichtung der Schicht, Fallwinkel und scheinbarer Mächtigkeit der Schicht im Bohrloch werden Nomogramme zur Umrechnung der scheinbaren in die wahre Mächtigkeit empfohlen. Mit Hilfe der Nomogramme kann beurteilt werden, in welchen Fällen eine solche Umrechnung überhaupt nötig ist.

Benutzt man zur Vorratsberechnung die Projektion der Grundfläche auf die Karte, so muß an Stelle der wahren die scheinbare Mächtigkeit verwendet werden.

Wird zur Vorratsbegrenzung einer einfallenden, auskeilenden Lagerstätte bei der Interpolation oder Extrapolation die scheinbare Mächtigkeit benutzt, so erhält man zu große Vorräte. Es wird deshalb ein Rechnungsgang vorgeführt, durch den die Begrenzungsverschiebung beim Übergang auf die wahre Mindestmächtigkeit ermittelt werden kann. Daraus ergibt sich ein Nomogramm, das unter Berücksichtigung des Fallwinkels, des Auskeilungswinkels, des Rißmaßstabes und der Zeichengenauigkeit zu beurteilen erlaubt, ob im jeweils vorliegenden Fall die zu erwartende Begrenzungsverschiebung berücksichtigt werden muß oder nicht.

Резюме

Представив данные о точности определения наклона скважины, простирания и азимута падения пласта, угла падения и кажущейся мощности пласта в скважине, рекомендуются номограммы для пересчета кажущейся мощности в истинную мощность. С помощью этих номограмм можно обсуждать, в каких случаях такой пересчет вообще является необходимым.

В случае использования при подсчете запасов проекции основной плоскости на карту, следует применить кажущуюся мощность вместо истинной.

Если для подсчета запасов падающего, выклинивающего месторождения при интерполяции или экстраполяции используется кажущаяся мощность, то получаются слишком большие запасы. Поэтому демонстрируется ход расчета, с помощью которого удается установить изменение выделения при переходе на истинную минимальную мощность. Из этого получается номограмма, позволяющая обсуждать — при учете угла падения, угла выклинивания, масштаба чертежа и точности черчения, надо ли в любом случае учитывать или не учитывать ожидаемое изменение выделения.

Summary

Statements on the accuracy of determining borehole inclination, direction of the strike and dip of stratum, dip angle and apparent thickness of stratum in the borehole are followed by recommending nomograms to convert apparent into real thickness. These nomograms help to estimate whether such a conversion is necessary or not.

A projection of the plan area on the map in reserve calculations requires the use of the apparent thickness instead of the real one.

Excess reserves are obtained by using the apparent thickness for interpolating or extrapolating the limitation of reserves of a dipping, vanishing deposit. Therefore, a method of calculation is presented that permits a determination of the limiting dislocation during the transition to the real minimum thickness. The result is a nomogram which in consideration of the angle of dip, vanishing angle, measure and accuracy of drawing permits an estimate as to whether the limiting dislocation to be expected in the specifically given instance must be considered or not.

Über den Erkundungsgrad und die Erforschtheit der Vorräte[1]

(Beitrag zur Aussprache über die neue DDR-Vorratsklassifikation)

FRIEDRICH STAMMBERGER, Berlin

1. Der Erforschungsgrad als Klassifikationskriterium

In der derzeit gültigen DDR-Vorratsklassifikation (1956a) werden die Vorräte einer Vorratsgruppe (Bilanz- bzw. Außerbilanzvorräte) „nach dem Grade ihrer Erforschung" in Klassen (A, B usw.) eingeteilt. Der Erforschungsgrad einer Lagerstätte und ihrer Vorräte wird in dem gleichen Dokument charakterisiert durch:

a) Art und Umfang der durchgeführten Erkundungsarbeiten,

b) wissenschaftliche Auswertung der so erhaltenen Unterlagen,

c) Untersuchung jener Faktoren, die die bergmännische Gewinnung und die Weiterverarbeitung des Rohstoffes beeinflussen.

Während der geologischen Arbeitstagung zur Beratung der Vorratsklassifikation in Leipzig (1956b) war der Erforschungsgrad vom Verfasser als zusammengesetzt „aus Erkundungsgrad und durchgeführten Forschungsarbeiten" erläutert worden. Grundsätzlich ergibt sich daraus die Schlußfolgerung, daß erkundete Vorräte sowohl nach ihrem Erkundungsgrad als ihrer Erforschtheit beurteilt werden müssen, da beide in ihrem Zusammenwirken den Erforschungsgrad ausmachen. Es überrascht, daß nach den Festlegungen in der Vorratsklassifikation und den zitierten Äußerungen nicht der Versuch gemacht wurde, diese Begriffe näher zu untersuchen und exakt abzugrenzen.

2. Einige sowjetische Betrachtungen zum Thema

Die Begriffe Erkundungs- und Erforschungsgrad erscheinen als offizielles Klassifikationskriterium erstmalig in der 2. sowjetischen Vorratsklassifikation (s. F. STAMMBERGER 1958) aus dem Jahre 1933. Sie sind dort allerdings nicht definiert. W. G. SOLOWJOW (1939) formulierte Erforschtheit und Erkundungsgrad folgendermaßen:

> „Unter Erforschtheit im engeren Sinne des Wortes versteht man gewöhnlich die Klärung solcher Fragen wie Bedingungen des Abbaus und der Verarbeitung des nutzbaren Bodenschatzes, die geologischen Bedingungen der Entstehung und Existenz der Lagerstätte, die Klärung der physikalischen und technologischen Eigenschaften und der mineralogischen Zusammensetzung des nutzbaren Bodenschatzes usw.
>
> Unter Erkundungsgrad im engeren Sinne des Wortes versteht man die mehr oder minder große Vollständigkeit der Angaben zur Umgrenzung und chemischen Bewertung des nutzbaren Bodenschatzes, die Bestimmung seiner Menge und seiner Zusammensetzung."

SOLOWJOW gab damals die wenig exakte Fassung dieser Begriffe zu. Er wies sogar ausdrücklich darauf hin, daß die Erforschtheit auch solche Fragen einschließt, die unmittelbar zur Erkundung gehören.

Obwohl sich aus diesen Begriffsbestimmungen durchaus Verhältnisse ableiten lassen, bei denen der Erkundungsgrad und die Erforschtheit nicht miteinander übereinstimmen, wird der unmittelbare Zusammenhang beider Begriffe hervorgehoben und für beide gleiches Niveau angenommen. SOLOWJOW tut dies, weil er den Erkundungsgrad (und die Erforschtheit) in Zahlenwerten ausdrücken möchte. Wenn das möglich wäre, könnte die Einordnung der Vorräte in eine der bestehenden Klassen nach streng mathematischen Maßstäben erfolgen.

Das ist eine interessante und von der Seite ihrer Lösung her recht komplizierte Aufgabe, auf die bei anderer Gelegenheit zurückzukommen ist. Hier interessieren zunächst die Definitionen und die Abgrenzung der Begriffe.

3. Erkundungsgrad und Erforschtheit in der DDR-Klassifikation

Die derzeit gültige DDR-Klassifikation mißt den Grad der Erkundung (im engeren Sinne des Wortes) an der Art und dem Umfang der durchgeführten Erkundungsarbeiten. Unter Erforschtheit wird das Studium und die wissenschaftliche Auswertung der durch die Erkundungsarbeiten erhaltenen Unterlagen verstanden. Diese Auffassung unterscheidet sich von der sowjetischen (z. B. SOLOWJOW), hat allerdings den Vorzug, daß keine Überschneidungen beider Begriffe vorliegen. Es erhebt sich die Frage, ob unsere Unterscheidung richtig ist.

Unter Erkundungsgrad sind nach unseren Vorstellungen vor allem zu erfassen: die Art der durchgeführten Erkundungsarbeiten (Kartierungen, Bohrungen, Schürfe, bergmännische Auffahrungen bzw. eine Kombination aus diesen); der Umfang und die räumliche Verteilung dieser Arbeiten, d. h. die Erkundungsdichte (Bohrabstände, Sohlenabstände, Bemusterungsabstände usw.); die Art der Umgrenzung (unbegrenzte oder begrenzte Extrapolation; Interpolation zwischen fündigen Bohrungen unterschiedlicher Mächtigkeiten bzw. Gehalte; durch fündige, den Konditionen entsprechende Bohrungen; durch bergmännische Aufschlüsse usw.); die Art der Bemusterung (Augenbemusterung, Schlitzproben, Haufwerksproben usw.) und die Qualität aller dieser Arbeiten (Kerngewinn, Exaktheit der Schlitze usw.).

Mit diesen Arbeiten allein kann strenggenommen keine einzige der Operationen durchgeführt werden,

[1]) Eingang des Manuskripts in der Redaktion: 9. 8. 1961

die SOLOWJOW unter Erkundungsgrad aufführt. Selbst zur Umgrenzung der Lagerstätte, d. h. Festlegung des äußeren Umrisses, sind in vielen Fällen noch zusätzliche Erkenntnisse notwendig, die durch die Bearbeitung der Unterlagen erhalten werden müssen. Die Daten jeder einzelnen Bohrung sind in ihren absoluten Werten für die Beurteilung und Umgrenzung der Lagerstätte äußerst wichtig, insbesondere auch die Daten von Randbohrungen. Ihre Aussagekraft wird jedoch nur dann voll ausgeschöpft, wenn der Platz dieser Daten innerhalb der Gesamtheit aller hierzu für die Lagerstätte vorliegenden und ihre wechselseitigen Beziehungen untersucht und bestimmt werden, wenn das Gesetz der Veränderlichkeit und deren Intensität für die Lagerstätte bekannt ist. Solche Untersuchungen und Forschungsarbeiten bestimmen die Erforschtheit der Vorräte und der Lagerstätte. Es ist offensichtlich, daß nur auf der Grundlage dieser Ergebnisse u. a. auch die von SOLOWJOW dem Erkundungsgrad abverlangten Angaben zur Umgrenzung und der Bestimmung der Mengen und Zusammensetzung der Vorräte erhalten werden können. Die „mehr oder minder große Vollständigkeit" dieser Angaben ist außerdem nicht absolut, in allgemeiner Form bestimmbar, da sie unmittelbar abhängig ist von der Veränderlichkeit der Eigenschaften des Mineralkörpers, wobei bei der Veränderlichkeit sowohl deren Charakter als auch deren Intensität eine Rolle spielen.

Der Erforschungsgrad könnte daher definiert werden als Verhältnis von Art und Umfang der durchgeführten Erkundungsarbeiten und der auf diesen aufbauenden Untersuchungen und Forschungen zum Veränderlichkeitsgrad der Lagerstätte bzw. des Mineralkörpers. Aus dieser Definition sind bereits die beachtlichen Schwierigkeiten zu erkennen, die sich einer mathematischen Bestimmung des Erforschungsgrades einer Lagerstätte entgegenstellen.

4. Praktische Schlußfolgerungen

In der gegenwärtig gültigen DDR-Klassifikation erfolgt die Einstufung der Vorräte in eine der Vorratsklassen nach der Summe unserer Kenntnisse über diese Vorräte. Diese Auffassung wurde in Leipzig (1956b) sehr eindeutig den damals weit verbreiteten Anschauungen gegenübergestellt, nach denen die Art des Aufschlusses, der Grad der Umfahrung für eine Klasseneinstufung entscheidend sei:

> Es ist „gegenwärtig noch wichtig zu unterstreichen, daß allein die Durchführung von Bohr- oder bergmännischen Arbeiten ohne ihre erschöpfende wissenschaftliche Auswertung wertlos ist."

Bei der endgültigen Formulierung der Klassifikation wurde trotz dieses eindeutigen und richtigen Standpunktes den überlieferten Anschauungen insofern eine nicht unbedeutende Konzession gemacht, als die Charakteristik der einzelnen Klassen (vollständig, eingehend, hinreichend usw. erkundet) mit der zwei-, drei- und vierseitigen Begrenzung der Vorratsblöcke durch Erkundungsarbeiten „erläutert" wurde.

Das war — nach der Leipziger Arbeitstagung — ein Rückschritt und eine bedauerliche Inkonsequenz, die dazu beitrug, daß noch immer von einer großen Zahl unserer Geologen die Klasseneinstufung der Vorräte im wesentlichen nach den Erkundungsabständen, nach der Umfahrung eines Vorratsblockes usw. vorgenommen wird. Das ist falsch, weil damit entgegen der Formulierung der DDR-Klassifikation in § 1, Abschnitt 1 und 3, nicht der Erforschungsgrad, sondern nur der Erkundungsgrad zur Klasseneinstufung herangezogen wird. (Der Erkundungsgrad bezieht sich nur „auf Art, Umfang, Anlage usw. der Erkundungsarbeiten".)

„Die Forschungsarbeiten, die nur auf Grund dieser Erkundungsarbeiten durchgeführt werden können" und in der Vorratsklassifikation in ihrer notwendigen Zielsetzung ausführlich beschrieben wurden (§ 1, Punkt 3b und c), sind für die Bestimmung des Erforschungsgrades nicht von zweit-, sondern von erstrangiger Bedeutung. Daher sollten bei der gegenwärtigen Überprüfung der bestehenden DDR-Vorratsklassifikation auch jene Formulierungen verbessert werden, die derzeit noch manche unserer Geologen nicht richtig orientieren.

Daneben sollte überprüft werden, ob die bisher in der Diskussion verwendete Terminologie sinnvoll und zweckmäßig ist. Denn wenn der Erkundungsgrad nur eine Seite der durchzuführenden Arbeiten ausdrückt, können „Erkundung" und entsprechende Ableitungen nicht als Sammelbegriff verwendet werden. Die Einführung des Begriffes „Erforschtheit" entspricht zwar der Sprachlehre, jedoch nicht dem Sprachgebrauch und -gefühl. Außerdem trifft die zuvor gemachte Bemerkung auch auf „Forschungsgrad" und „Erforschtheit" zu. Verfasser schlägt daher vor, als Sammel- bzw. Oberbegriff neu „Untersuchung" und Untersuchungsgrad einzuführen, wobei der letzte Begriff als zusammengesetzt aus Erkundungsgrad und Erforschungsgrad (statt Erforschtheit) zu definieren wäre.

Literatur

Klassifikation der Lagerstättenvorräte fester mineralischer Rohstoffe. — Z. angew. Geol., 2, S. 448—450, Berlin 1956 [1956a].
Geologische Arbeitstagung zur Beratung der neuen Vorratsklassifikation fester mineralischer Rohstoffe am 5. Juni 1956 in Leipzig. — Z. angew. Geol., 2, S. 450—465, Berlin 1956 [1956b].
SOLOWJOW, W. G.: Methoden der Variationsstatistik in ihrer Anwendung auf die Erkundung und Vorratsberechnung von Lagerstätten nutzbarer Bodenschätze. — GONTI, Moskau 1939 (russ.).
STAMMBERGER, F.: Einige Entwicklungslinien der sowjetischen Vorratsklassifikation. — Freib. Forsch.-H., C. 54, 1958.

Lesesteine

Wucherer im „Garten Allahs"

Wie vor vielen Jahrhunderten die Griechen das gefahrenvolle Schwarze Meer in beschwörender Art das „gastliche Meer" nannten, so gaben die arabischen Stämme des nördlichen Afrikas der Wüste Sahara den Namen „Garten Allahs". Was wirklich gemeint ist, verraten dem Fremden die Bezeichnungen der Landschaften. Die wohlklingenden Worte: Tibesti, Tirini, Ahaggar, Tanesruft bedeuten nichts weniger als „Land der Felsen", „Land des Hungers", „Land des Schreckens" und „Land des Durstes".

Seit dem Jahr 1956 hat das europäisch-nordamerikanische Monopolkapital seine Vorliebe für das Land menschlicher Qualen entdeckt und Ansprüche auf Erbpacht dieses „Garten Allahs" angemeldet. Nicht Allahs wegen und nicht wegen der 200000 Menschen, die in dem nur 200 km² Oasenland innerhalb der 4,5 Mill. km² Sandwüste leben. O nein: die Liebe zu Allah hat den realen Hintergrund von Erdöl, von Eisenerz, Uran, Erdgas, Zinn und anderen sehr begehrenswerten Rohstoffen.

In früheren Zeiten wurde um solches Erbrecht im Besitz reicher Länder dieser Erde wenig Aufhebens gemacht. Man kam, nahm, blieb und ließ mit frommem Augenaufschlag verkünden, daß der liebe Allah gerade sie ausersehen habe und niemand anders, dieses Land und seine Bodenschätze zu besitzen und auszuplündern. Wer Allahs Gedanken anders auszulegen wagte, wurde kurzerhand beiseite geräumt.

Das geht heute nun nicht mehr so einfach. Die Völker in aller Welt schütteln die Ketten des Kolonialjoches ab. Und gerade rings um die Sahara ist in den letzten Jahren ein Kranz von unabhängigen Nationalstaaten entstanden, während andere Nachbarstaaten noch mit bewundernswerter Kraft um ihre Freiheit kämpfen.

Das Märchen vom lieben Allah zieht nicht mehr. Aber es gibt noch ein anderes, wunderwirkendes Traktätchen der Monopolisten: Das Geld hat in ihrem Sinn magische Gewalt.

Nicht umsonst erscheint in letzter Zeit in Zeitungen des kapitalistischen Auslandes Liste um Liste von all den finanziellen „Wohltaten", welche die Öl-, Eisen-, Kohle- und Zinntrusts dem „Garten Allahs" haben angedeihen lassen. Rührend, die Geschichten, wie die Ölgesellschaften das „verdammte Wasserloch" Hassi Messaoud oder das „Drecknest" Edjeleh an der libyschen Grenze zu freundlichen Siedlungen entwickelt haben — für europäische Ingenieure natürlich nur, denn die Eingeborenen müssen sich bei Strafe des Erschießens in 25 km Abstand halten! —

Die Konten werden aufgeschlagen: Ein Geologe kostet monatlich 20000 DM, ein Satz Autoreifen für LKW, welche die 1000 km vom Erdgasfeld nach Algier oder die 700 km von den Ölfeldern zur Küste und zurück fahren, kostet 6000 DM. Der Transport einer kompletten Bohranlage beläuft sich auf sage und schreibe 500000 DM. Eine erste Lufterkundung wird mit 3000000 DM zu Buch gebracht, und die Erdölsuche zu Beginn des großen „Run" kostete 400 Mill. DM. Seitdem fließt das Geld in Strömen in den „Garten Allahs". Vom Jahre 1957 an werden jährlich mehr als 2 Mrd. DM in den Wüstensand investiert.

Daß das Geld aber noch in größeren Strömen aus dem heißen „Land des Schreckens", dem „Land des Durstes", des „Hungers" und der „Felsen" herausfließt in die Taschen derer, die fernab in London, Paris, New York und Bonn sitzen, davon wird nicht mit einer Silbe gesprochen. Kein Sterbenswort!

Aber die Araber haben den großen Wucherer erkannt, der durch alle ihre Märchen und Erzählungen als abschreckendes Wesen geistert. Es nützt ihm nichts, sich hinter dem Zauberspiel von Geld und Zahlen zu verstecken. Die Araber und Neger werden ihn verjagen, um in Wirklichkeit das zu gestalten, was man eines Tages wird den „Garten Allahs" nennen können.

K. Kauter

Besprechungen und Referate

Bjeloussow, W. W.

Tectonic Map of the Earth

„Geol. Rundschau", Jg. 50 (1960), Jahresband „Orogenesis", S. 316—324

Das umfassende Unternehmen der Zusammenstellung einer tektonischen Weltkarte wäre ohne die Zugrundelegung einer bestimmten Konzeption über die Genese der Haupttypen von Krustenteilen schwerlich ausführbar. Bjeloussow geht bei seiner Konzeption von der Voraussetzung einer ständig unverändert gebliebenen geographischen Lage der Hauptregionen der Hebung und Senkung aus, mit der Begründung, daß sich diese stets über denselben Bereichen des oberen Mantels befunden haben müßten, wo die Ursachen der vertikalen Bewegungen zu suchen seien. Eine Begründung, der man von mobilistischer Seite entgegenhalten kann, daß sich bei horizontalen Unterströmungen die einzelnen auf die Kruste wirkenden obersten Mantelgebiete verschoben haben können. Bjeloussow lehnt auch die Annahme von Urozeanen ab und führt die von ihm geologisch spät angesetzte Entstehung der Ozeane auf eine Umwandlung von Gebieten kontinentalen Typs durch Basifizierung zurück. Bjeloussow unterscheidet zwei Hauptstadien der Erdgeschichte, deren erstes, das Granitstadium, die Bildung der Kontinentalkruste aus Granit und die Sonderung von Geosynklinal- und Plattformgebieten herbeigeführt habe, während das zweite, das Basaltstadium, durch den Aufstieg überhitzter Basalte aus tiefen Mantelschichten in Bereichen der Dehnung und Aufspaltung derselben gekennzeichnet sei. Die Umwandlung von granitbasaltischer Kontinentalkruste in wasserbasaltische Ozeankruste sowie die Plateau-Basaltergüsse seien die Folge dieser Basaltaufstiege, die aber, wo sie nicht bis zur Oberfläche durchbrechen, auch Krustenhebungen und -senkungen verursachen. Die mit sauren Extrusionen abwechselnden basischen und mittleren In- und Extrusionen des normalen magmatischen Zyklus rechnet er jedoch dem Granitstadium zu und führt sie auf Differentiationsvorgänge in den obersten Mantelschichten zurück.

Die von Bjeloussow entworfene Karte (s. Abb. S. 48) läßt die Gebiete kontinentalen und ozeanischen Typs sowie auch Tieflandgebiete, die er als im Stadium der beginnenden Ozeanisierung befindliche ansieht, und ferner alte Schilde, Plattformen und Geosynklinalen, vulkanisch aktive Gebiete, tiefe Frakturen, submarine Rücken und vieles sonst tektonisch Wesentliche in großer Klarheit und Übersichtlichkeit hervortreten. Gleichviel, ob man seiner Grundkonzeption beipflichtet oder nicht, muß dieser großangelegte erstmalige Entwurf einer tektonischen Weltkarte als eine bedeutende vorwärts weisende Leistung gewertet werden.

Havemann

Borchert, H.

Zusammenhänge zwischen Lagerstättenbildung, Magmatismus und Geotektonik

„Geol. Rundschau", Jg. 50 (1960), Jahresband „Orogenesis", S. 131—165

Die Zurückführung der wichtigsten Lagerstättentypen teils auf juvenil-basaltischen Magmatismus, teils auf sialisch-palingene Aufschmelzungen sowie die Aufhellung der tektogenetischen Vorgänge sind das Ziel dieses Beitrages von H. Borchert zu dem Jahresbande der Geologischen Rundschau über Orogenese. Ohne eine umfassende Konzeption über den Aufbau der Erdkruste und die in großer Tiefe sich abspielenden Vorgänge war dieses Ziel nicht erreichbar. Wie zu erwarten, geht der erfahrene Lagerstättenkundler von den Gegebenheiten seiner Forschung aus und zieht daraus geotektonische Konsequenzen. Borchert gelangt dabei zu dem Schluß, daß der sialische „subsequente" Magmatismus zwar palingener Entstehung, jedoch von dem juvenilen simatischen Magmatismus abhängig sei, innerhalb dessen er nur eine Art „sialisches Intermezzo" darstelle. Er betont, daß außer dem initialen und finalen simatischen Magmatismus, dessen Ursprünge er in basaltischen Differentiationsvorgängen in mehr als 60 km Tiefe sucht, auch ein „verlängerter initialer Magmatismus" von Bedeutung sei, daß andererseits sialische Magmen schon in den Anfängen der Geosynklinalentwicklung auftreten und daß daher scharfe zeitliche Kriterien für die Beurteilung spezieller Gesteinstypen nicht gegeben seien.

Borchert gibt eine petrologisch und geophysikalisch begründete Gliederung der Erdkruste wobei er die

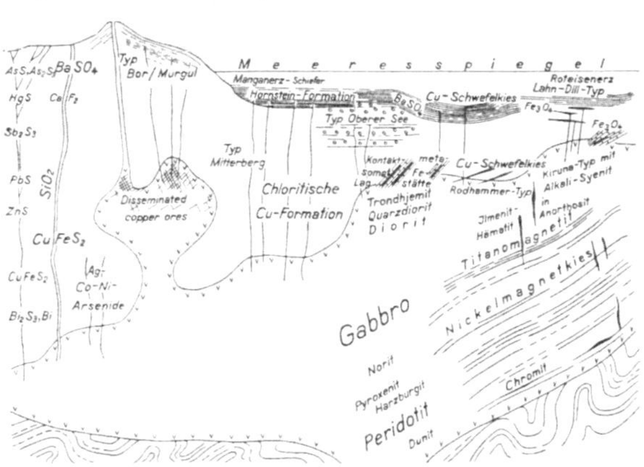

Abb. Typen von Lagerstätten in Verknüpfung mit juvenil-basaltischem Magmatismus

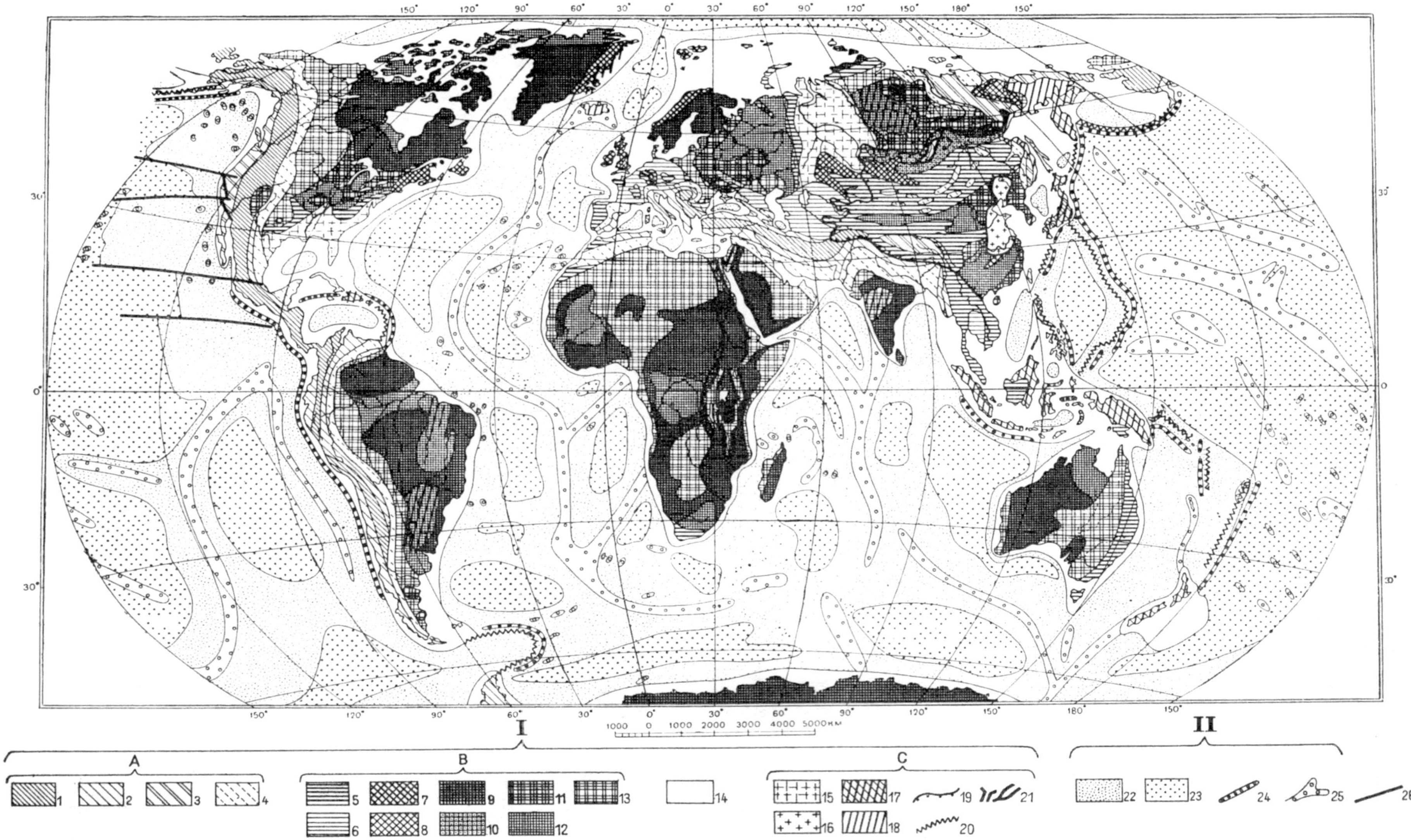

Abb. Gliederung der Erdkruste nach petrologischen und geophysikalischen Gesichtspunkten

I. Regionen auf der kontinentalen Kruste

A. Alpine Geosynklinalen: 1 – Innere Massive in den alpinen Geosynklinalen; 2 – Alpine Geosynklinalen, ungeteilt; 3 – Alpine Geosynklinalen mit mesozoischer Umformung; 4 – Alpine Parageosynklinalen und Vortiefen. B. Alpine Plattformen: 5 – Antiklisen auf herzynisch gefaltetem Sockel; 6 – Syneklisen auf herzynisch gefaltetem Sockel; 7 – Antiklisen auf kaledonisch gefaltetem Sockel; 8 – Syneklisen auf kaledonisch gefaltetem Sockel; 9 – Zutagetreten des präkambrisch gefalteten Sockels (Schilde); 10 – Zutagetreten des baikalisch gefalteten Sockels (nur in Sibirien); 11 – Antiklisen auf dem präkambrisch gefalteten Sockel; 12 – Syneklisen auf dem präkambrisch gefalteten Sockel, hauptsächlich im Paläozoikum abgesunken; 13 – Syneklisen auf dem präkambrisch gefalteten Sockel, hauptsächlich im Mesozoikum und Känozoikum abgesunken; 14 – Epikontinentale Meere. C. Regionen der Aktivierung und Ozeanisierung: 15 – Inneres epiherzynisches Becken (Westsibirien, Piedmont-Golf); 16 – Regionen der Senkung im Tertiär und Quartär, verbunden mit Ozeanisierung (China); 17 – Inselbögen des ersten Typs; 18 – Plateaubasalte und andere mit der Ozeanisierung verbundene Extrusionen; 19 – Grenze der Region der tektonischen Aktivierung; 20 – Inselbögen des zweiten Typs; 21 – große Gräben

II. Regionen auf der ozeanischen Kruste

22 – Regionen von mäßiger Tiefe in den Ozeanen und den Meeresteilen mit ozeanischer Kruste oder solche von mittlerer Art; 23 – tiefe Ozeanbecken; 24 – Tiefseegräben mit maximalen Tiefen; 25 – ozeanbedeckte Rücken und Vulkane; 26 – große Spalten

Gesteine mit zunehmender Tiefe nach ansteigenden Ausschmelzungsfolgen und zunehmend höheren Erstarrungsintervallen anordnet. Die MOHOROVIČIĆ-Diskontinuität setzt er dort an, wo gabbroides bis olivingabbroides Material zur Ausschmelzung gelangt und einen Rückstand von pyroxenitischer bis peridotitischer Zusammensetzung hinterläßt, so daß sich oberhalb dieser Grenze feldspatführende Gesteine mit Dichten von ca. 3,0 und unterhalb derselben feldspatfreie, mafitische Gesteine mit Dichten von 3,4 befinden; die CONRAD-Diskontinuität entwickle sich dagegen in der Zone der Sial-Aufschmelzung. Konvektionsströmungen im Erdinnern mißt er große Bedeutung für den Wärmehaushalt und die fortschreitende Abkühlung und Entgasung der Erde bei, nimmt aber an, daß erdweite Unterströmungen erst in 700 km Tiefe zu suchen seien.

Den initialen juvenil-basaltischen Magmenaufstieg führt Verf. auf Druckentlastung und Wiederschmelzung in tiefreichenden Zerrungszonen zurück, die an den Flanken von sich heraushebenden Erdkrustenabschnitten auftreten. Die Abb. auf der viele Lagerstätten von Buntmetallerzen in zonaler Abfolge verzeichnet sind, skizziert deren Zusammenhang mit dem initialen Magmatismus. Was die Bildung und den Aufstieg der sialischen Magmen anbetrifft, ist für BORCHERTS Konzeption die Annahme wesentlich, daß zwar in der Granitisationszone zunächst unmittelbar über dem Aufschmelzungsherd vertikale Aufstiege erfolgen, bei einer Groß-Undation sodann aber der Aufstieg bevorzugt schräg aufwärts in das in Heraushebung begriffene Rückland seinen Weg nimmt und daß sich infolge dessen die Faltungen und Vergenzen in Richtung auf den jeweils einsinkenden Trog entwickeln. „Sialwurzeln" könne es unter den Hochgebirgen nicht geben, da das unter 20—25 km Tiefe versenkte Krustenmaterial weggeschmolzen werde. Die VENING-MEINESZ-Zonen mit Schweredefizit faßt er als plutonische Herde mit schmelzflüssigem, vorherrschend sialisch-palingenem Material auf.

Der die Problematik breit behandelnde Beitrag, der mit einem Literaturnachweis von 13 Seiten versehen ist, gipfelt in dem Satz, „daß in der Erdkruste keine aktiven tektonischen Zentren beheimatet sein können, sondern daß die Erdkruste nur passiv und in vielfach gebrochener Form auf Prozesse des tieferen Erdinnern reagiert".

HAVEMANN

KING, R. E.

Petroleum Exploration and Production in Europe in 1960

„Bull. A. A. P. G.", Tulsa, Vol. 45 (1961), S. 1090—1142

In Europa, ohne Sowjetunion, wurde die Produktion um 11,3% gesteigert. An der Spitze des Zuwachses steht mit 65,2% Jugoslawien. Dort konnten zwei neue, große Felder in Produktion genommen werden. In Österreich stieg die Gasproduktion um 30% an, die Rohölproduktion erreichte nach dem früheren Förderabfall einen Stillstand. Ein Ölfund im Untergrund des Wiener Beckens und ein Gasfund im Jura bei Zwerndorf sind charakteristische Momente der derzeitigen Entwicklung. In Frankreich erhöhte sich die Erdölproduktion. Die Gasproduktion konnte um 226% gesteigert werden. Auch in Italien ist eine beträchtliche Erhöhung der Produktion zu verzeichnen. Bohrungen in der Adria waren erfolgreich. Vor Ravenna wurde ein neues Gasfeld nachgewiesen. In Westdeutschland wurden 12 neue Felder entdeckt. Beachtenswert ist ein Ölfund im Molassebecken nahe am Bodensee. In den Niederlanden entwickelten sich die Felder des Westens gut, im Nordosten konnte in Zechsteinsandsteinen kontinentaler Entwicklung ein großes Gasfeld entdeckt werden.

MEINHOLD

TORREY, P. D.

U. S. Oil Ressources, Past, Present and Future

„The Petrol. Engineer", Vol. 32 (1960), Nr. 7, S. B 52 bis B 64

In dem Beitrag wird die Entwicklung der Erdölvorräte der USA von 1946 bis heute, geordnet nach Staaten, dargestellt. In Tabellen werden die ursprünglichen Vorräte, die Gesamtproduktion, Jahresproduktion und die verbleibenden Vorräte aufgeführt. Die Bilanz ergibt: Alle bisher bekannt gewordenen Lagerstätten hatten einen ursprünglichen Ölinhalt von 47 Mrd. t. Davon wurden bisher 9 Mrd. t gefördert, am 1. 1. 60 waren noch bilanzierte industrielle Vorräte von 4,5 Mrd. t vorhanden. Durch verbesserte Fördermethoden, die bereits entwickelt wurden, können nochmals 6,3 Mrd. t hinzugefügt werden und durch verbesserte Sekundärverfahren, die sich noch im Versuchsstadium befinden, außerdem 2,1 Mrd. t; verbleiben ungewinnbar 25 Mrd. t.

Die USA sind von 1946 bis 1960 von der ersten Stelle in den Weltvorräten auf den 4. Platz zurückgefallen, die Staaten des Mittleren Ostens nehmen nunmehr den ersten Platz ein. Wenn man aber die Ziffern für das sekundär gewinnbare Öl hinzufügt, würden die USA wieder auf eine der vorderen Plätze aufrücken. In den nächsten 20 Jahren rechnet man außerdem mit 5 Mrd. t Neuentdeckungen an industriellen Vorräten. Der Autor betont, daß die heimische Ölindustrie, wenn sie gesund erhalten wird, in Zukunft allen Anforderungen genügen kann. Trotz aller Verbesserungen bleibt aber noch mehr als die Hälfte des ursprünglichen Vorrats in der Erde — das ist eine Aufforderung an die Wissenschaft!

MEINHOLD

PASSEGA, R.

Sédimentologie et recherche de pétrole

„Revue de l'Institut Français du Pétrole", Vol. XV (1960), Nr. 12, S. 1731—1740

Die geringen Erfolge der Sedimentologie bei der Erkundung von Öl seien, so sagt Verf., darauf zurückzuführen, daß man von den rezenten Sedimenten ausgehend falsche Schlüsse auf die Bildungsweise (Transportart, Ablagerung) der alten Sedimente gezogen habe. Sedimente, z. B. die paläozoischen Sande der Sahara, die sich auf einem Gebiet von mehreren 100000 km² ablagerten, seien ganz anders entstanden als die von den Flüssen herangeführten Sedimente, die sich im Gefolge des nacheiszeitlichen Anstiegs der Meere auf neuüberfluteten Schelfplattformen ablagerten und litorale Streifen oder Deltas bildeten. Während die rezenten Sedimente hauptsächlich im Laboratorium untersucht werden, sind bei den alten Sedimenten außerdem stratigraphische, geophysikalische und vor allem paläobathymetrische Untersuchungen erforderlich. Die Aufgabe, die Beziehungen zwischen den Charakteristiken der ölführenden Sedimentgesteine und den die Sedimentation bestimmenden Faktoren zu klären und dadurch die Ölerkundung nach den aussichtsreichsten Teilen eines Beckens hinzulenken, wird vom Verf. an Beispielen und durch Aufstellung von Schemata in Angriff genommen. Er gibt u. a. eine bathymetrische Rekonstruktion, untersucht den Transport der Sande durch Meereswogen und -strömungen und die davon abhängigen Korngrößen der Sande und findet so Bedingungen für die Bildung und Lokalisierung von Fallen. Graphische Darstellungen veranschaulichen die Ergebnisse.

HAVEMANN

DIEKMANN, E.

Die Errichtung eines Aquifer-Speichers

„Gas- und Wasserfach", Jg. 102 (1961), Nr. 23, S. 641 bis 646, u. Nr. 25, S. 700—706

Die drei möglichen Verfahren, Gas unter Tage zu speichern, werden vom Verfasser beschrieben. Die Speicherung kann erfolgen 1. in bereits erschöpften Erdgaslagerstätten ohne Randwassertrieb, 2. in entsprechend behandelten Erdgasfeldern mit Randwassertrieb, 3. in sog. Aquifer-Speichern. Die letzteren sind künstliche Speicherräume in Horizonten poröser Sandsteine, die durch Entwässerung aufnahmefähig werden. Verf. befaßt sich besonders mit dem Speicher „Hähnlein" der Ruhrgas AG. Er erläutert die Struktur des Speichergesteins, die technischen Einrichtungen, die Einzementierung der Rohre, die künstliche Verfestigung bei Lockersanden, die Randwasserverdrängung, die Gasabgabefähigkeit und andere bei derartigen Speichern wichtige Momente.

HAVEMANN

GINDELY

Die Braunkohle in Asien und im Fernen Osten

„Braunkohle", Bd. 12 (1960), S. 25—28

Afghanistan: Die Ausdehnung der Braunkohlenvorkommen in Afghanistan ist noch nicht genau bekannt. Es sind zwei Gruben bei Ishpusta, 300 km von Kabul, und bei Karkar mit einer Gesamtförderung von etwa 20000 t/Jahr in Betrieb.

Burma: In Burma kommen mesozoische und tertiäre Braunkohlen vor. Die bedeutendsten, tertiäres Alter besitzenden Kohlen von Lashio, Manang, Namma, Palaung, Kalewa, Shwebo und Theindaw-Kawmaphyin im Mergui-Distrikt haben geringen Heizwert. Neue Flöze mit besserer Qualität wurden bei Kalewa angetroffen, wo die Förderung auf 300000 t/Jahr gesteigert werden soll.

China: Große Braunkohlenvorräte befinden sich in Yünnan in Südwest-China. Bei Kopaotsum (östlich von Kunming) erstrecken sich zwei 2—3 m mächtige Flöze über 15 km^2 und führen 35 Mill. t Vorräte. Die in 50 m Teufe liegenden Kohlenvorräte von Puchaopa (nordwestlich von Kaiyuan und Chaotung) werden auf 120 Mill. t geschätzt. In Chaotung lagern ca. 100 Mill. t Kohle mit max. 15 m Mächtigkeit unter einer nur 2—8 m mächtigen Decke. Vorratsschätzungen von Lagerstätten bei Chatainor in Nordost-China, nahe der sowjetischen Grenze, ergaben in drei Flözen 450 Mill. t Braunkohle.

Von den drei auf Taiwan bekannten Flözen ist das oberste wasser- und aschereich und hat einen niedrigen Heizwert. Die beiden anderen Flöze sind stärker inkohlt und besitzen einen hohen Gehalt an flüchtigen Bestandteilen.

Indien: 2 Mrd. t Braunkohlenvorräte sind aus dem Gebiet von Neyvedi (260 km^2) im Staate Madras bekannt. Im 2. indischen Fünfjahrplan ist eine Jahresförderung von 3,5 Mill. t geplant. Die Kohle enthält 50—55% Wasser, besitzt einen niedrigen Aschegehalt, ist im Tagebau zu gewinnen und brikettierfähig. Das Verhältnis Decke : Kohle wechselt zwischen 3:1 und 4:1.

Indonesien: Über die Vorräte Indonesiens liegen keine genauen Angaben vor. Im Gebiet von Bukit-Assam (Sumatra) sind sechs Flöze mit 2 Mrd. t Vorräte bekannt. Die harzreiche, asche- und schwefelarme Braunkohle zeigt durch vulkanische Einflüsse alle Variationen bis zum Anthrazit und findet sich auch als Naturkoks. Ihr Heizwert beträgt 5000 bis 8000 kcal. Die Mächtigkeit von zwei im Tagebau abgebauten Flözen liegt zwischen 7 und 10 m. Zwei weitere, ebenfalls im Tagebau gewinnbare Flöze sind 3—4 bzw. 6—8 m mächtig. Die jetzige Förderung von 600000 t/Jahr soll auf 2 Mill. t/Jahr gesteigert werden.

In Borneo findet sich Braunkohle an der West- und Ostküste, besonders bei Pulu Laut und Batu Besar sowie im Landesinnern bei Mahakam und Parapattan.

Japan: Die Braunkohlenlagerstätten Japans liegen bei Kyushu und Hokkaido sowie auf zahlreichen weiteren Inseln. Die Kohlen in Zentral- und Nord-Honshu zählen zu den wirtschaftlich bedeutendsten Vorkommen. Nach Schätzungen aus dem Jahre 1957 betragen die Vorräte 1,5—2,1 Mrd. t, wovon 60,5% auf xylitische, 32% auf feste und veredelte Kohlen sowie 7,5% auf Torf entfallen.

Der durchschnittliche Heizwert liegt bei 4300 kcal. Die Kohle zerfällt leicht unter atmosphärischen Einflüssen, hat 30—40% Wassergehalt und weist einen hohen Aschegehalt auf. Ihre Mächtigkeit beträgt bis 10 m.

Korea: Die braunkohlehöffigen Formationen Koreas sind noch wenig erforscht. Nur auf kleineren Gruben an der Südostküste des Landes werden 1—4 m mächtige Flöze abgebaut.

Malaya und Britisch-Borneo: Tertiäre braunkohlenähnliche Vorkommen sind in Salangor (Bata Arang), im Perak in der Nähe von Enggor, an der Grenze von Perlis und Nieder-Thailand sowie in Johore zu finden. Sie werden im Tagebau gefördert.

Pakistan: Hier konzentrieren sich die Vorkommen auf West- und Ostpakistan. Der größte Teil der Förderung Westpakistans (über 440000 t/Jahr) entfällt auf die in Belutschistan gelegenen Vorkommen in der Gegend von Sor und Degari sowie in Harnai, Sarigh und Khost. Wegen der zahlreichen geologischen Störungen läßt sich über die Höhe der Vorräte der in West-Punjab liegenden Vorkommen nichts aussagen. Die im allgemeinen feinkörnige Braunkohle hat einen Wassergehalt von 5—12% und einen Schwefelgehalt von 2—10%.

Philippinen: Die meist dem Tertiär angehörenden mehr als 50 bekannten, teilweise veredelten Braunkohlenvorkommen liegen vorwiegend auf den Inseln Luzon, Mindanao und sechs kleineren Inseln. Die durchschnittliche Produktion der letzten Jahre betrug 150000 t.

Thailand: Die im Norden Thailands gelegenen Braunkohlen besitzen meist Holzstruktur und haben einen niedrigen Heizwert. Von besserer Qualität sind die Kohlen im Süden des Landes. Die wichtigsten Lagerstätten sind Khiansa, Lamphura, Ban Pu Dan (Krabi), Kautang und Mae Moh. Die etwa 500 km nördlich von Bankok gelegene Kohle von Mae Moh hat 10% Aschegehalt, der Heizwert der wasser- und aschefreien Substanz beträgt 6400 kcal. 1955 lag die Förderung bei 30000 t. Auf einer Fläche von 18 · 9 km wurden bis jetzt 15 Mill. t Vorräte nachgewiesen.

DRESSEL

JAKOB, H. & H. GLÖCKNER

Das Zerkleinerungsverhalten von Weichbraunkohlen-Lithotypen

„Braunkohle, Wärme und Energie", Jg. 13 (1961), S. 361—367

Da bei gleicher mechanischer Beanspruchung Weichbraunkohlen in Abhängigkeit vom petrographischen Aufbau unterschiedliche Körnungscharakteristik aufweisen, sind mit vier Kohlenarten des Niederlausitzer Unterflözes aus dem Tagebau Spreetal systematische Untersuchungen durchgeführt worden. Zunächst werden folgende wichtige Weichbraunkohlen-Lithotypen kurz beschrieben: Faser-Xylit, Bruch-Xylit, xylitische Kohle, schichtige Kohle, schwach schichtige Kohle, doppleritische Kohle und doppleritischer Xylit, dunkle ungeschichtete Kohle, bituminöse Normalkohle, Bitumenkohle und tonig-sandige Kohle. Haben Braunkohlenflöze eine gewisse tektonische bzw. glazigene Beanspruchung erfahren, so weisen die genannten Lithotypen bereits im Flözverband typische Körnungscharakteristiken auf. Verf. berichten ebenfalls über die manuelle Entnahme von je einer Faser-Xylit-, Bruch-Xylit-, schichtigen Kohlen- und ungeschichteten Kohlenprobe aus dem Tagebau Spreetal. Nach Beschreibung der Durchführung der Versuche wird kurz über die Theorie der RRS-Verteilung berichtet. Verf. besprechen ausführlich die Ergebnisse der Zerkleinerungsversuche an Hand von RRS-Diagrammen für grubenfeuchte und lufttrockene Kohle. In den Schlußbetrachtungen werden die wichtigsten Ergebnisse zusammengefaßt.

DRESSEL

KUSNEZOW, K. F., G. M. MEITUW, N. A. TSCHITAJEW & N. B. LISUNOW

Gesetzmäßigkeiten der Verbreitung seltener Elemente in polymetallischen Lagerstätten Osttransbaikaliens

Arbeiten des IMGRE der Akad. Wiss. UdSSR, Ausg. 3, Moskau 1959, S. 162—179

In der Arbeit wurde die Verbreitung der Elemente Thallium, Gallium, Indium, Cadmium, Selen, Tellur und Germanium in Mineralen polymetallischer Lagerstätten aus Gebieten des Priarguner polymetallischen Gürtels — der Nertschinsk–Sawodski-, Kadaïnsko–Pokrowski-, Klitschinskigruppe — untersucht. Dabei stellten Verf. fest: 1. Thalliumkonzentrationen sind für an Karbonatgesteine gebundene mesothermale Lagerstätten charakteristisch. Der Thalliumgehalt beträgt 0,001—0,1% im Bleiglanz, 0,01—0,5% im Geokronit, 0,01—0,1% im Meneghinit, 0,01—0,1% im Boulangerit. 2. Der maximale Galliumgehalt ist für polymetallische Lagerstätten mit überwiegender Zinkerzführung charakteristisch, die in Karbonat- und Karbonat-Ton-Gesteinen liegen. Der höchste Galliumgehalt wurde in Zinkblende mit 0,01% nachgewiesen. 3. Indium konzentriert sich hauptsächlich in Lagerstätten mit einem späten Sulphoantimon-Mineralisationsstadium und in Lagerstätten, die durch häufige Verbreitung von Zinkerzen mit erhöhtem Zinngehalt gekennzeichnet sind. Ein maximaler Indiumgehalt mit 0,1—0,5% wurde in kollomorphen Bildungen, die aus feinkörnigen Aggregaten der Minerale Franxit, Boulangerit, Geokronit und Bleiglanz bestehen, beobachtet. 4. Der höchste Cadmiumgehalt ist für Lagerstätten, die reiche Pb-Zn- und Pb-Zn-Sb-Erze führen, charakteristisch. Der Maximalgehalt beträgt in einigen Zinkblenden 0,35%. 5. Selen wurde nur in den Mineralen Pyrit, Pyrrhotin und Bleiglanz mit ca. 0,002% angetroffen. Tellur ist im Pyrrhotin und Bleiglanz mit ca. 0,0005% vertreten. Beide Elemente sind an Lagerstätten mit Blei- und Kiesführung des Nertschinsker Gebiets gebunden, das als Übergangszone zu verbreiteter Sn-W-Mo-Mineralisation angesehen wird.

G. TZSCHORN

IWANOW, W. W.

Besonderheiten des Verhaltens von Thallium in Lagerstätten unterschiedlichen Alters

Arbeiten des IMGRE der Akad. Wiss. UdSSR, Ausg. 3, Moskau 1959, S. 44—50

Das Verhalten von Thallium in Lagerstätten, die in verschiedenen metallogenetischen Epochen gebildet wurden, ist unterschiedlich. In den paläozoischen Tl-führenden Lagerstätten, auf dem Gebiet der UdSSR durch Pegmatite auf der Kolahalbinsel und des östlichen Sajangebirges vertreten, ist Thallium an Glimmer und Feldspäte mit Gehalten von 0,001—0,005 % gebunden. Geochemisch gesehen tritt Thallium hier zusammen mit den Elementen Rb, Cs und K auf. Die größten thalliumführenden Lagerstätten sind in der Sowjetunion im oberen Paläozoikum gebildet worden. In diesen Lagerstätten assoziiert Thallium mit Pb und Zn. Es geht in vielen sulfidischen Lagerstätten des Urals, Mittelasiens und Kasachstans in die Minerale Bleiglanz und Zinkblende ein (0,05—0,01%). In Lagerstätten meso- und känozoischen Alters, die gewöhnlich geringere Ausmaße besitzen, wird Thallium mit höheren Konzentrationen in kolloidal ausgefällten Sulfiden und Sulfosalzen gefunden. Bedeutung besitzen die oberkimmerischen Lagerstätten Osttransbaikaliens, Transkaukasiens, des südlichen Tienshan und Westeuropas. Hohe Thalliumgehalte sind in diesen Lagerstätten besonders an Eisensulfide, mitunter an Zinkblende, gebunden. In einigen Lagerstätten assoziiert Thallium mit Arsen und Antimon. In der Perspektive werden die Sb-Hg- und Hg-Lagerstätten der Sowjetunion als bedeutungsvoll angesehen.

G. Tzschorn

Iwanow, W. W. & W. J. Wolgin

Einige Besonderheiten der Geochemie des Thalliums und der für seine Konzentration günstigen Lagerstättentypen

Arbeiten des IMGRE der Akad. Wiss. UdSSR, Ausg. 3, Moskau 1959, S. 51—60

Es werden die hauptsächlichsten Konstanten für Thallium und für die mit ihm verwandten Elemente — K, Rb, Cs, Pb, Zn, Hg — aufgeführt. Für die mittleren Thalliumgehalte in verschiedenen Gesteinen geben Verf. folgende Werte an: ultrabasische Gesteine $6 \cdot 10^{-6}$ %, basische Gesteine $2 \cdot 10^{-5}$ %, mittlere $3 \cdot 10^{-5}$ %, saure $2 \cdot 10^{-4}$ %, alkalische $2 \cdot 10^{-4}$ % (?), im Meerwasser $1 \cdot 10^{-6}$ %, in Organismen $1 \cdot 10^{-5}$ %, metamorphe Gesteine $7 \cdot 10^{-5}$ %, sedimentäre Gesteine $7 \cdot 10^{-5}$ %. Thallium reichert sich in sauren, alkalischen und Varietäten der alkalischen Gesteine oberflächennaher Bildung im Gegensatz zu den in größeren Tiefen gebildeten Gesteinen an (ebenso wie Kalium und Rubidium). Eigentliche Thalliumminerale (Lorandit, Vrbait, Hutchinsonit und Kurkesit) sind eine Seltenheit. Als Beimengung ist Thallium jedoch in etwa 130 Mineralen festgestellt worden. In kalihaltigen Mineralen konzentriert es sich gewöhnlich zusammen mit Rb und Cs, in niedrigthermalen Pb-, Zn-, Cu-, Fe-Sulfiden zusammen mit As und Sb. Genetische Lagerstättentypen, die die größte Wahrscheinlichkeit einer Thalliumkonzentration bieten, sind: 1. Amazonitgranite und einige Pegmatit- und Greisenbildungen, in denen Tl mit K, Rb und Cs assoziiert; 2. mittel- und niedrighydrothermale Bildungen, in denen Thallium mit Pb, As und Sb assoziiert; 3. Oberflächenbildungen der Manganminerale.

G. Tzschorn

Shukowa, A. S.

Zur Geochemie des Germaniums

Arbeiten des IMGRE der Akad. Wiss. UdSSR, Ausg. 3, Moskau 1959, S. 26—43

Ausgehend von Literaturangaben und eigenen Untersuchungen, legt Verf. die Grundzüge der Geochemie des Germaniums dar. Er gibt einen Überblick über die Verbreitung des Ge in der Natur und die Etappen seiner geochemischen Entwicklung. Die Arbeit enthält Angaben zur Kristallochemie und zum Isomorphismus des Germaniums. Folgende neue Fakten werden beschrieben: 1. In den Pegmatiten der Alkalireihe reichert sich Germanium in titanhaltigen Mineralien (ca. 0,001 % Ge) an. Im Enigmatit wurden Gehalte von 0,005% Ge ermittelt. 2. Ge-Verteilung in Zinkblende: Zinkblenden kontaktmetasomatischer Lagerstätten enthalten ca. 0,0005 % Ge, die mesothermaler Lagerstätten 0,0005—0,005 %, seltener bis 0,01 % Ge und Sphalerite und Wurtzite aus epithermalen Lagerstätten 0,005 bis 0,n % Ge (Kaukasus, Kasachstan u. a.). 3. Ge-Gehalt in Bauxiten: Aus 200 untersuchten Proben besaßen nur fünf Gehalte von 0,001—0,005 % Ge. Die Germaniumgehalte wurden spektralanalytisch bestimmt.

G. Tzschorn

Wolf, K. H.

Simplified Limestone Classification

„Bull. A. A. P. G.", Tulsa, Jg. 44 (1960), Nr. 8, S. 1414 bis 1416

Es wird eine Klassifikation der Kalksteine vorgeschlagen, die gegenüber der von Folk vereinfacht ist. Einteilungsprinzip ist der verschiedene Gehalt an verschiedenen Typen von allochemischem Korn. Er verwendet fünf Korntypen und vier Mengenklassen und erhält sechzehn Typen, dazu kommen drei in situ entstandene Arten von Biolithen. Die Namensgebung ist einfach: Alle Gesteine mit weniger als 10% allochemischem Korn heißen „Mikritkalkstein", alle mit mehr als 90% erhalten den Namen des Korntyps (z. B. Oolith-Kalkstein, Schalen-Kalkstein usw.). Bei 90 bis 50% allochemischem Korn wird „Mikrite" hinzugesetzt (z. B. Oolith-Mikrite-Kalkstein), bei 50—10% steht zuerst „Mikrite" und dann der Korntyp (Mikrite-Oolith-Kalkstein).

M.

Senkowiczowa, H.

Beitrag zur Kenntnis des Muschelkalkes im St.-Krzyź-Gebirge

„Kwartalnik Geologiczny", Bd. 1 (1957), Nr. 3/4, S. 482 bis 494

In der genannten Arbeit, die als Übersetzung in der Bibliothek der Staatlichen Geologischen Kommission, Berlin, vorliegt, vergleicht die Verfasserin an Hand von Aufschluß- und Bohrprofilen die Ausbildung des Muschelkalkes am Nord- und Südrand des St.-Krzyź-Gebirges. Dabei stellt sie — abgesehen von größeren Mächtigkeitsunterschieden — eine ähnliche Ausbildung in beiden Gebieten fest. Weiterhin werden die während der Muschelkalkablagerungen in dem St.-Krzyź-Gebirge herrschenden paläogeographischen Verhältnisse analysiert.

-Z-

Kuhn, O.

Die Tierwelt der Bundenbacher Schiefer

A. Ziemsen-Verlag, Lutherstadt Wittenberg 1961. — 48 S., 45 Abb.; 3,75 DM

Die Schwierigkeit, wissenschaftlichen Gehalt und entsprechende Gründlichkeit in populärer Form zu bringen, ist in vorliegendem Bändchen der „Neue Brehm-Bücherei, Wittenberg" in vorzüglicher Weise gelungen. Prof. Dr. Oskar Kuhn, München, hat es verstanden, nicht nur die Lebewelt vor 250 Mill. Jahren, im Unterdevon, lebendig zu schildern, er stellte die Fauna der Bundenbacher Schiefer auch in den Zusammenhang des Gesamtablaufs animalischen Lebens und erweckte somit sowohl Verständnis für den Einzelfall des Fundortes selbst wie auch für das Gesamtproblem des Lebens überhaupt. Einem knapp gehaltenen Erläuterungsteil folgt eine Reihe ausgezeichneter Abbildungen und rekonstruktiver Zeichnungen. Somit liegt in diesem Bändchen eine kleine, geschmackvolle, für Laien und Fachleute gleichermaßen interessante Arbeit vor.

Kauter

Pitschugin, N. I.

Die Kartierung steiler Kontakte und tektonischer Störungen durch elektrische Tiefensondierung

„Raswedka i ochrana nedr", Jg. 26 (1960), Nr. 9, S. 38—41

Mit Hilfe der elektrischen Tiefensondierung ist es in einigen Fällen möglich, steile Kontaktflächen bzw. tektonische Störungen bei nicht zu großer Tiefenlage auch unter sedimentärer Bedeckung zu lokalisieren.

Zwei Spezialfälle werden mathematisch untersucht:

1. Eine symmetrische Vierelektrodenanordnung nach Wenner liegt senkrecht und symmetrisch zu dem vertikalen Kontakt zweier Medien mit den scheinbaren spezifischen Widerständen ρ_1 und $\rho_2 \neq \rho_1$.

2. Dieselbe Anordnung liegt parallel über der Kontaktfläche der beiden Medien.

In beiden Fällen ergibt sich, daß der bei der Sondierung ermittelte scheinbare spezifische Widerstand nur von ρ_1 und ρ_2 abhängt. Es wird deshalb ein Verfahren vorgeschlagen, die Lage steiler Kontakte aus dem Schnitt der Widerstandskurven graphisch zu ermitteln. Dabei sollte jedoch die geologische Situation des Meßgebietes nicht unberücksichtigt bleiben. Abschließend werden noch einige Beispiele für senkrechte und sehr steile Kontaktflächen behandelt.

W. Lange

SAPOROSHEZ, W. M. & W. W. SULIN

Erster Versuch der Anwendung eines Bohrloch-Neutronengenerators bei der radioaktiven Karottage

„Prikladnaja geofisika" Nr. 28, S. 116—129, Gostoptechisdat, Moskau 1960

Die vielfältigen Möglichkeiten, die Neutronenverfahren in Bohrlöchern für die Untersuchung des Bohrprofils eröffnen, konnten mit den bis jetzt verwendeten sog. natürlichen Neutronenquellen (Ra–Be- oder Po–Be-Gemischen) nur unbefriedigend ausgenutzt werden. Die Aktivität und damit die Neutronenausbeute solcher Quellen darf wegen der Gefährlichkeit ihrer Handhabung nicht beliebig gesteigert werden, so daß eine geringe Meßgeschwindigkeit (200—400 m/h) erforderlich ist. Außerdem ist die Energie der emittierten Neutronen gering, was eine mäßige Eindringtiefe der Messung und damit einen hohen Störeinfluß der Bohrspülung und der Unregelmäßigkeiten des Bohrlochdurchmessers zur Folge hat. Ferner läßt sich der Neutronenfluß nicht steuern, so daß besonders die Arbeit mit impulsförmiger Strahlung nicht möglich ist.

Alle diese Unzulänglichkeiten lassen sich durch Verwendung kleindimensionierter, in die Bohrlochsonde anstelle der Neutronenquelle eingesetzter Neutronengeneratoren vermeiden, mit denen sowohl impulsförmige als auch stationäre Neutronenflüsse erzeugt werden können. Die Entwicklung solcher, nach einer Tritium-(d,n)-Helium-Reaktion arbeitender Generatoren ist in den letzten Jahren in den USA und in der UdSSR weit vorangeschritten. Die mit solchen Generatoren erreichbaren starken Neutronenflüsse und hohen Energien von ca. 14 MeV gestatten eine beträchtliche Erhöhung der Meßgeschwindigkeit und Eindringtiefe und eröffnen neue Wege der Bohrlochmessung.

Der Aufbau (mit Schaltbild) einer im Allunionsinstitut für geophysikalische Erkundungsmethoden angefertigten Neutronengeneratorsonde (mit Hochspannungsteil, Neutronengenerator, Beschleuniger und zweikanaligem Strahlungsmeßgerät mit Szintillationszählern) wird ausführlich beschrieben, und die ersten damit erhaltenen Meßergebnisse werden vorgeführt und diskutiert. Die Gesamtlänge des Gerätes, das mit einem dreiadrigen Bohrlochmeßkabel arbeitet, beträgt 4230 mm, der Außendurchmesser des Stahlgehäuses 102 mm. Die erhaltenen Meßkurven werden mit Po–Be-Quellen registrierten Kurven gegenübergestellt; alle Messungen wurden als Neutron-Neutron-Messungen ausgeführt. Die Ergebnisse zeigen, daß anstelle der gefährlichen Po–Be-Neutronenquellen Neutronengeneratoren verwendet werden können. Die Methode bedarf vor ihrer endgültigen Einführung weiterer Vervollkommnung. K. LEHNERT

ALLAIS, G.

Die Detergentien und ihre Wirkungen auf die Flußläufe

„l'Eau", 47. Jg. (1960), H. 4, S. 107—108

In den USA beträgt der Anteil der Detergentien an den Gesamtreinigungsmitteln 70%. Neben der toxischen Wirkung auf Fische ist vor allem die Schaumbildung eine Belästigung für Schiffahrt und Uferbewohner. Die Schäume schließen in sich Schmutz und Wasserinhaltsstoffe, speziell Treibstofföl, ein. Der Verfasser spricht sich wie andere Autoren für eine Veränderung der chemischen Struktur der synthetischen waschaktiven Stoffe aus, um einen leichteren biochemischen Abbau garantieren zu können. Andernfalls muß ein generelles Verbot für die Produktion und Benutzung von Detergentien ausgesprochen werden. E.

Neuerscheinungen und Literaturhinweise

JOVČEV, J.

Die nutzbaren Bodenschätze der VR Bulgarien. Geologische Grundlagen

Technika, Sofia 1960. — 104 S.

FINKO, W. I.

Geologisch-petrographische Charakteristik und Genesis der feuerfesten Tone der Zeja-Bureja-Depression

Verlag AN SSSR, Moskau 1960. — 130 S.

JUSUPOW, T. S.

Die Bestimmung des Aschengehaltes der Kohle mit Hilfe der Mikroskopiermethode

Geologija i geofisika, Nr. 10, 1960

GAJDUKOW, W. P.

Technische Berechnungen bei der Ausbeutung von Erdölbohrungen

Gostoptechisdat, Mokau 1961. — 271 S.

Nachrichten und Informationen

Neue Erz- und Kohlevorkommen in der Volksrepublik Rumänien

Anfang 1961 wurden in der Rumänischen Volksrepublik neue Eisenerz- und Kohlenlagerstätten erkundet. Die Eisenerzlagerstätten von Capus in der Region Cluj beinhalten Vorräte von mehreren Millionen Tonnen, während die Kohlenvorräte in den neuen Lagerstätten im Jiu-Tal und in Oltenien auf mehrere Milliarden Tonnen angegeben werden. Bereits vor einigen Jahren konnten rumänische Geologen in der Nähe von Juela in der Dobrudscha Eisenerzlagerstätten mit Vorräten von 5 bis 7 Mrd. t nachweisen.

Der Reichtum des Landes an mineralischen Bodenschätzen führt zum Aufbau zahlreicher neuer Industriezweige und macht die Volksrepublik teilweise von Importen unabhängig; so mußte bisher der gesamte Schwerspat für die Spülungstechnik in der Erdölindustrie importiert werden. Durch das Auffinden von Schwerspatlagerstätten in der Dobrudscha wird die rumänische Erdölindustrie künftig keinen Importschwerspat mehr zu verwenden brauchen. Die in den Westkarpaten nachgewiesenen Bauxitvorräte werden die Grundlage für den Bau eines großen Aluminiumkombinats bilden. Die neuen Kalisalzlagerstätten der Region Bacau eröffnen der Düngemittelindustrie große Perspektiven. In Siebenbürgen wurden Magnetit- und Mangansilikatlagerstätten, in der Moldau neue Manganerzlager, in der nördlichen Dobrudscha und im südlichen Banat Blei-, Zink- und Kupferlagerstätten gefunden. Die Volksrepublik Rumänien wird durch den Abbau dieser neuen reichen Vorkommen künftig den wachsenden Blei-, Zink- und Aluminiumverbrauch sowie teilweise auch den Kupferverbrauch des Landes decken können. —ul—

Die Grundstoffindustrie Ägyptens

Über die Produktion der ägyptischen Grundstoffindustrie von 1957 bis 1959 gibt „Mineral Journal", Bd. 265 (1961), H. 6551 und 6552, einen statistischen Überblick, dem wir folgende Angaben (in t) entnehmen:

	1957	1959
Phosphat	585498	628991
Manganerz (Normal-)	76165	66585
Manganerz (Reich-)	9358	61070
Gold (Unzen)	3526	2486
Talk	5470	6085
Schwarze Sande	6970	8921
Bleikonzentrat	941	334
Kaolin	4797	11222
Chromit	103	–
Zinkkonzentrat	35	100
Schwefel	–	6109
Eisenerz	254100	246145
Asbest	20	445

Ha.

Bergbauliche Zukunft Afrikas

Die Erschließung der reichen Bodenschätze Afrikas wird eine der großen Zukunftsaufgaben des sich aus Kolonialfesseln befreienden Kontinents sein. Schon in den letzten Jahren sind zu der bisherigen bergbaulichen Produktion, die für 1958 insgesamt auf 6,8% der Weltproduktion mit einem Wert von 3 Mrd. $ geschätzt worden ist, so bedeutende Vorkommen wie das Saharaöl, die Eisenerze von Liberia, die Manganerze von Mauretanien, die Bauxitvorkommen am Golf von

Guinea hinzugekommen. An der afrikanischen Produktion von 1958 hatte Südafrika einen Anteil von 39,7%, der Kongo von 17,9%, Nordrhodesien von 13,2%. An der Weltproduktion hatte Afrika folgenden Anteil (nach Schätzungen für 1959): 52% Gold, 37,8% Platin, 30,9% Chromerz, 29,1% Antimon, 28,9% Phosphate, 25,2% Kupfer, 21,2% Manganerz, 19,7% Vanadium und 16,3% Uranerz. Ha.

Die Bodenschätze der Philippinen

Auf den Philippinen, die unter den heutigen halbkolonialen Ländern zu den an Mineralvorkommen reichsten gehören, ist bisher nur erst ein Zehntel der Gesamtbodenfläche gründlich geologisch erforscht, und nur 0,04% der Fläche ist bergbaulich erschlossen. Gold, das im Untertagebau zusammen mit Silber- und Kupfererzen oder als Alluvialgold in Seifen gewonnen wird, steht produktionsmäßig an erster Stelle. Die Goldproduktion erreichte mit einem Wert von 450 Mill. Pesos in den Jahren von 1946—1958 fast $^2/_3$ des Wertes der gesamten übrigen Produktion an Metallen. Die 1959 auf der Halbinsel Bondoc gefundenen Gold-Kupfer-Lager werden, den Schätzungen nach, 50 Jahre lang einen täglichen Abbau von 2000 t Erz ermöglichen. Die 1956 auf mehr als 1,19 Mrd. t geschätzten Eisenerze, zu denen ständig neuentdeckte Vorkommen hinzugekommen sind, werden bereits in Mengen von 7—9 Mill. t jährlich nach Japan exportiert. Auch eisenhaltige Nickel- und Kobalterze sind in erheblichen Mengen vorhanden. Die neuentdeckten Kupfervorkommen reichen aus, um die Philippinen in Zukunft möglicherweise zu einem der größten Kupferproduktionsländer werden zu lassen. An der Westküste von Luzon befindet sich das auf 11 Mill. t geschätzte größte Chromitvorkommen der Welt mit 34 bis 37% Chromitgehalt. Die weitgehend verstaatlichte Kohlenförderung (1957: 191151 t) wird intensiviert. Während Erdöl importiert wird, liefert ein auf Nordluzon erbohrtes Erdgasvorkommen etwa 260000 m³ täglich. Ha.

Erdöl/Erdgas

Sowjetunion an zweiter Stelle der Welterdölproduktion

Der „Petroleum Press Service" hat für die Welterdölförderung des ersten Halbjahres 1961 die Gesamtmenge von 548,7 Mill. t errechnet. Das entspricht einer Steigerung gegenüber dem gleichen Raum des Vorjahres um 6,7%. Obwohl Venezuela, das seit 1945 an zweiter Stelle der Weltproduktion lag, im ersten Halbjahr 1961 eine Steigerung der Produktion um 3,2% erzielen konnte, ist es der Sowjetunion gelungen, dieses Land aus seiner Position zu verdrängen und die Stelle unmittelbar hinter den USA einzunehmen. Im einzelnen wurden folgende Werte erbracht:

	1. Halbjahr 1961
1. USA	173 Mill. t = 31,5%
2. UdSSR	80 „ „ = 14,6%
3. Venezuela	75 „ „ = 13,6%
ferner Kuwait	42 „ „ = 7,6%
Saudi-Arabien	35 „ „ = 6,4%
Iran	28 „ „ = 5,1%
Irak	24 „ „ = 4,4%
Westeuropa insges.	~8 „ „ = ~1,5%

—K—

Europa und das sowjetische Erdgas

Im „Oil and Gas Journal" (v. 28. 8. 1961, S. 58—60) nimmt William R. Connole, frisch beeindruckt von einer Expertenreise in die Sowjetunion, zur Frage Stellung, ob es der Sowjetunion möglich sein könnte, Westeuropa mit Methan zu versorgen. Er betont, daß sich die Gasindustrie in der Sowjetunion in geradezu „dramatischer" Entwicklung befände. „Die erstaunlich großen Vorräte der erdgashöffigen Gebiete des südlichen Teils der Sowjetunion geben die Möglichkeit, bedeutend mehr zu produzieren, als der einheimische Markt aufnehmen kann." Um dem zu erwartenden „ökonomischen und politischen Druck" der sowjetischen Methan-Industrie standzuhalten, sollten nach Meinung Connoles möglichst bald die Erdgaslagerstätten der Sahara, von Lacq in Frankreich und Groningen in Holland stärker in Produktion genommen werden. Die europäische Energiewirtschaft, die noch weitgehend auf einem veralteten Kohlenfundament ruht, müßte sich also schleunigst modernisieren, sonst besteht die Aussicht, daß in Kürze sowjetisches Erdgas nach Westeuropa eingeschleust werden wird.

Nachdem er auf die großen Erfolge der Bohrtechnik hingewiesen hat, schildert Connole seine Eindrücke über die Mitarbeiter der GLAVGAS. Sie haben ein hohes Ausbildungsniveau und ehe sie Ingenieure wurden, als Gasarbeiter beim Verlegen von Fernleitungen oder in den Pumpwerken gearbeitet. „Sie sind hochintelligent, todernst und saugen jede Neuerung, die sie aus anderen Ländern erfahren können, in sich auf." Man kann viel von Sowjetmenschen lernen. Den Elan ihres wirtschaftlichen Strebens darf man nicht unterschätzen, wenn man Rückschläge vermeiden will. E.

Neues Erdgasvorkommen südlich Bremen

Seit 1953 steht das Ölfeld Barenberg südlich Bremen in Produktion. Die Konzession gehört dem Konsortium Gewerkschaft Elwerath-Mobil-Oil-AG. In neuester Zeit ist die Gewerkschaft Elwerath mit der Erweiterungsbohrung BZ1, die im Nordwestteil der Struktur angesetzt wurde, gasfündig geworden. Das Gas stammt aus dem Hauptdolomit des Zechsteins, der in einer Teufe von 3285—3339 m durchfahren wurde. Die angetroffene Lagerstättenkapazität ist so groß, daß von einer neuen Gaslagerstätte gesprochen wird.

Beachtlich ist weiterhin der Umstand, daß bei einem Openhole-Test im Mittleren Buntsandstein, der etwa zwischen 2700 und 2800 m lag, auch dieser Horizont gasführend angetroffen wurde. Es handelt sich also um die gleichen stratigraphischen Horizonte, auf die sich auch in Thüringen die erfolgreiche Erdöl-/Erdgaserkundung erstreckt. —K—

Frankreichs Pipelines für Öl und Gas

Bei dem ungeheuren Anstieg der Weltproduktion von Öl und Gas spielte die Eigenproduktion Frankreichs bis vor wenigen Jahren eine untergeordnete Rolle. Seit den großen Anstrengungen der Erkundung in Frankreich und besonders seit der 1957 begonnenen Ausbeutung der 1951 entdeckten Gasvorräte von Lacq, denen die Funde von St. Marcet vorhergingen, sowie der Ölvorräte von Parentis und Umgebung (seit 1954) ist das anders geworden. Mit einer für 1961 erwarteten Jahresproduktion von 4750 Mill. m³ gereinigtem Gas versorgt Lacq Städte und Industrien von Südwestfrankreich und hat dort bereits eine schnelle industrielle Entwicklung herbeigeführt. Der Transport erforderte die Anlage eines Netzes von Pipelines (insgesamt 1600 km), von dem die beigefügte Karte, die wir der Zeitschrift „L'Économie" vom

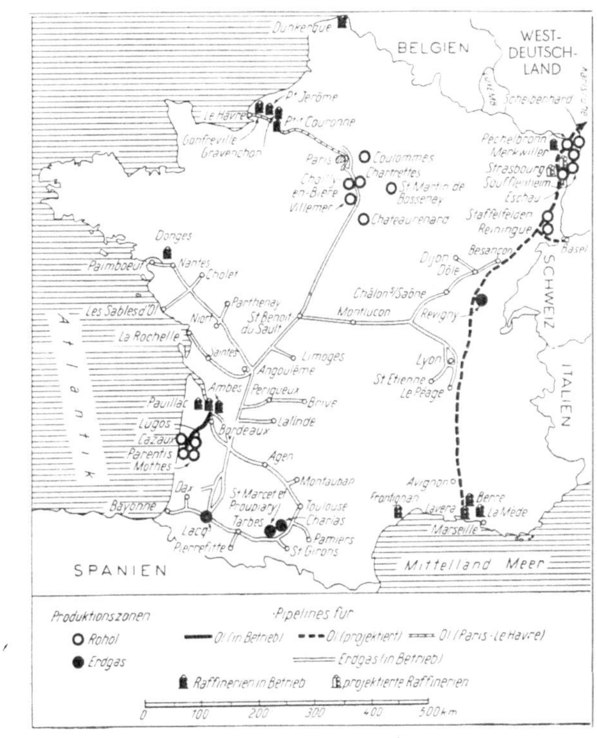

Erdöl- und Erdgasleitungen in Frankreich

März 1961 entnehmen, eine Vorstellung gibt. Die längste Linie reicht bis Paris.

Die Ölleitungen, die von Parentis, Mothes, Lugos und Cazaux ausgehen, beförderten 1960 1,3 Mill. t Rohöl über 94 km nach der neuen Raffinerie von Ambès nahe Bordeaux. Paris wurde 1960 aus den im Pariser Becken erbohrten Lagerstätten unmittelbar mit 2 Mill. t Öl versorgt. Die Karte zeigt auch die projektierte Pipeline, welche die unvergleichlich größeren Ölmengen, die Frankreich aus Afrika erhält und erhalten wird, über Nordwestfrankreich z. T. in die Nachbarländer transportieren wird. Ha.

Ägyptens Erdölproduktion

Mit insgesamt 3,35 Mill. t Rohöl überstieg die ägyptische Erdölförderung des Jahres 1960 diejenige des Vorjahres um ca. 200000 t.

Diesen Zuwachs brachten allein die neu in Produktion gekommenen Ölfelder der Halbinsel Sinai. Bei dem Ort Belayim trafen Erkundungsbohrungen im Jahre 1955 ergiebige Lagerstätten, aus denen 1960 bereits 1,8 Mill. t gefördert werden konnten.

Die Ergiebigkeit der alten Felder an der Westküste des Roten Meeres: Ras Sharib und Hourgada, aus denen in früheren Jahren der Hauptteil der Produktion kam, ging von 1,5 Mill. t im Jahre 1955 auf 1,2 Mill. t im Jahre 1960 zurück.

Diese Tendenz scheint weiterhin anzuhalten, während die Produktionsmöglichkeiten von Sinai sehr günstig eingeschätzt werden. Eine neue Prospektionsrichtung auf Erdöl zeichnet sich im Westen des Landes an der Grenze zu Libyen ab. Hier haben in Kürze Erkundungsbohrungen die Frage zu lösen, ob sich die im Nachbarland entdeckten großen Ölfelder bis in das ägyptische Territorium hinein erstrecken.

Die Erkundungsarbeiten von Sinai werden von der „Belayim Oriental Petroleum Co." ausgeführt, deren Hauptteilhaber die „International Egyptian Co." ist, eine Gesellschaft, in der die italienische ENI, die belgische Petrofina und der Ägyptische Staat zusammengeschlossen sind.

In den Gebieten des Roten Meeres bohrt und fördert die „Anglo-Egyptian Oilfields Co.", an welcher Shell, BP und Ägyptischer Staat beteiligt sind. Die Konzessionen an der libyschen Grenze sind erneut ausgeschrieben worden, nachdem frühere Untersuchungen amerikanischer Gesellschaften vor einiger Zeit erfolglos abgebrochen worden waren. —K—

Libyen — 50 Mill. t Erdöl 1965

Mit den fertiggestellten Ölpipes und Hafenanlagen wird Libyen Ende 1961 erstmalig als Erdöllieferant auftreten. Im Jahre 1965 sollen in diesem Lande 50 Mill. t Erdöl gefördert werden, womit es für den Erdölmarkt eine ähnliche Bedeutung hätte wie heute der Iran oder der Irak. Im Gegensatz zu früheren Auffassungen wird heute die Ansicht vertreten, daß sich die Erdölvorkommen Libyens bis in das Gebiet der VAR Ägypten erstrecken und daher auch dieses Land zukünftig mehr fördern könne als seine heute ca. 5 Mill. t. Ein neues Erdölvorkommen wurde jetzt etwa 180 km südöstlich von Sirt an der großen Syrte mit einer Ergiebigkeit von 150 t Erdöl pro Tag entdeckt. Auch südwestlich von Tripolis, nahe an der Mittelmeerküste, wurde eine neue Bohrung ölfündig. Die Aufschlußbohrung El-23 in demselben Gebiet wurde ebenfalls erdölfündig. Bei Förderversuchen soll das 3500 m tiefe Bohrloch ca. 270 t Rohöl täglich erbracht haben. He.

Erdöl in Angola

In dem Cuanza-Becken an der Küste von Angola, das eine mit Sedimenten gefüllte ehemalige Bucht des Atlantik darstellt, wurden 1953 bei einer geologischen Aufnahme des Gebiets Strukturen gefunden, die auf Ölakkumulationen schließen ließen. Inzwischen wurden eine Anzahl Salzdome festgestellt. Die an diese Strukturen gebundenen Erdölvorkommen wurden bereits erschlossen. Ebenso wie in Gabon und dem unteren Kongogebiet sind es hauptsächlich kretazische Sedimente, in denen die Salzdome, an die Ölakkumulationen gebunden sind, auftreten. Die allgemeine Struktur des Beckens zeigt deutliche Faltung mit NW–SE streichenden Sätteln und Mulden. Das zuerst (1955) entdeckte Ölvorkommen Benefica wurde in 2600 m Tiefe erbohrt. In der Folge wurden bei Cacuaco, Galinda, Luanda und an anderen Stellen Ölvorkommen gefunden. Die kretazischen Gesteine von Benefica enthalten dolomitische Kalksteine des Oberen Apt, die sich als höffig erwiesen. Wie die Londoner Zeitschrift „Petroleum", Juni 1961, berichtet, bestehen gute Aussichten auf Entdeckung weiterer Ölfelder in diesem Gebiet. In den letzten Jahren wurden laufend Erkundungs- und Aufschlußbohrungen niedergebracht. Ha.

Rohölförderung im Mittleren Osten

„Erdöl und Kohle", Jg. 14 (1961), H. 9, bringt folgende interessante Tabelle über die Entwicklung der Erdölproduktion in den Ländern des Mittleren Ostens:

Land	1959 (1000 t)	1960 (1000 t)	Steigerung %
Kuwait	69532,5	81862,8	17,6
Saudi-Arabien	53956,9	60860,4	12,8
Iran	45631,8	52064,9	14,1
Irak	41732,0	47483,0	13,8
Qatar	7992,5	8212,4	2,8
Neutrale Zone	6195,3	7273,3	17,4
Bahrein			
Israel	5825,5	6335,5	8,8
VAR			
Türkei			
Zusammen	230866,5	264092,3	+ 14,4

Mit 14,4% hat sich die Zuwachsrate der Erdölproduktion dieser Staaten gegenüber dem Zeitraum 1958 auf 1959 fast verdoppelt. Die Wachstumsspitzen liegen offensichtlich in Kuwait und in der Neutralen Zone. —K—

Erze

Die Eisenerzlagerstätten Australiens

Die Eisenerzvorräte im Middleback-Gebirge bei Whyalla (Südaustralien) werden auf 206 Mill. t mit 65% Fe geschätzt. Die Hämatitlagerstätten im Yampi-Sund an der Nordwestküste von Westaustralien enthalten über Wasser auf der Insel Koolan 92 Mill. t mit 67% Fe, auf der Insel Cockatoo 16 Mill. t mit 69% Fe, unter Wasser wahrscheinlich weitere erhebliche Vorräte. Die Hämatitlagerstätte in Koolyanobbing im südlichen Westaustralien wird auf etwa 70 Mill. t Erz geschätzt. Der Fe-Gehalt beträgt an der Oberfläche etwa 63%, in der Teufe 50%. Bei Bungalbin (nördlich Koolyanobbing) wird ein Vorkommen auf 41 Mill. t (60% Fe), am Mount Walton (64 km nordöstlich) auf 2,5 Mill. t (60% Fe) geschätzt. Weitere hochprozentige Eisenerzvorkommen liegen verkehrsungünstig und sind deshalb noch nicht genügend erforscht.

Vorräte in der Größenordnung von Milliarden t geringhaltiger Eisenerze mit etwa 30% Fe haben die Hämatit-Quarzit-Lagerstätten im Middleback-Gebirge. Im gleichen Gebiet umfassen Takonitlagerstätten mehr als 5 Mrd. t; hiervon enthalten die eisenschüssigen Tonschiefer etwa 15—35% Fe, die gebänderten Hämatit-Quarzite im Durchschnitt etwa 30% (schwankend zwischen $< 5\%$ und $> 50\%$). —D—

Die Eisenerzlagerstätte Marcona (Peru)

400 km südlich Lima (Peru) erstreckt sich unter einer dünnen Überdeckung eine etwa 5 km breite und 21 km lange Eisenerzzone. Von den bisher über 50 nachgewiesenen Erzkörpern stehen neun im Abbau. Die sicheren Vorräte betragen bis zu einer Teufe von 150 m etwa 200 Mill. t. Die Erzkörper reichen bis unter 300 m Teufe. Das primäre Erz besteht aus massivem Magnetit, die Auslaugungszone aus Hämatit mit $> 60\%$ Fe und $< 1\%$ Wasser. Das zur Verschiffung kommende Stückerz hat 5—8% SiO_2, 1—2% Al_2O_3, 1% CaO, 1% MgO, 0,04—0,06% P und bis zu 0,25% S. —D—

Kupfer in Finnland

Die 1910 bei Outokumpu (Nordkarelien) entdeckte Kupferlagerstätte ist bis heute die wichtigste Kupfergrube Finnlands geblieben. Der sulfidische Erzkörper liegt plattenförmig in einer engen Folge von Quarziten und Serpentiniten, er wird durch eine Verwerfung geteilt und tritt an zwei Stellen zutage. Er fällt mit durchschnittlich 40° ein und hat eine Teufenerstreckung von 300 m, die streichende Erstreckung beträgt rd. 4 km, die Mächtigkeit 7—9 m.

Der Erzvorrat beträgt rd. 25 Mill. t. Durchschnittliche Zusammensetzung des Fördererzes: 3,71% Cu, 28,19% Fe, 24,75% S, 1,07% Zn, 0,2% Co, 0,1% Ni und 41,97% Silikate (vorwiegend Quarz); das Erz enthält außerdem pro Tonne 1 g Au und 12 g Ag. Die jährliche Fördermenge liegt bei rd. 600000 t. Bis 1961 wurden etwa 13 Mill. t Roherz abgebaut.

Ein weiteres Kupfervorkommen liegt bei Ylöjärvi in Paronen bei Trammerfors. Der Abbau begann 1943. Von den etwa 2 Mill. t Vorräten wurden bisher etwa die Hälfte abgebaut. Die jährliche Förderung beträgt rd. 150000 t Roherz mit durchschnittlich 1% Cu, 0,6% As sowie teilweise 0,1% WO_3. —ul—

Die Unterentwicklung der Zinnproduktion in den kapitalistischen Ländern

Während in den letzten drei Jahrzehnten der Weltverbrauch von Blei um 50%, der von Zink und Kupfer um mehr als 100% angestiegen ist und der von Aluminium sich sogar verfünfzehnfacht hat, entsprach der Verbrauch von Zinn in den kapitalistischen Ländern im Jahre 1958 noch dem von 1925 und blieb hinter dem von 1937 um ein Fünftel zurück. Seit 1959 ist jedoch der Bedarf erheblich gestiegen, und für die nächsten Jahre steht infolge einer künstlich herbeigeführten Unterentwicklung der Zinnreserven eine chronische Verknappung im Angebot bevor. Diese Unterentwicklung war die Folge von zum Zweck der Hochhaltung der Preise seit 1931 zwangsweise durchgeführten Produktionsrestriktionen durch ein interstaatliches Abkommen der kapitalistischen Zinnerzeugungsländer. Dieses erstreckte sich auch auf die Erkundung und Entwicklung von neuen Lagerstätten. Durch unwirtschaftlichen Abbau der reichsten Zinnreserven im zweiten Weltkrieg wurde dieser Rückstand noch in hohem Maße verschärft. Lediglich Kongo und Thailand, die dem Abkommen nur bedingt beigetreten waren, konnten ihre Kapazität in den letzten drei Jahrzehnten erhöhen. In Bolivien, dem wichtigsten Produktionsgebiet außerhalb Asiens, kam es zu einem zunehmenden Verfall der Zinnbergwerke, und andere Gebiete Südamerikas, Südostasiens und Afrikas haben sich von dem Raubbau während des Krieges bis jetzt noch nicht erholt. Nun werden vom ,,Internationalen Zinnrat" ,,rettende" Maßnahmen gefordert, die jedoch diese durch das kapitalistische System begründeten Mißstände schwerlich beheben werden. Ha.

Neues Molybdänvorkommen in Norwegen

Ein neues reiches Molybdänerzvorkommen wurde an der Südküste Norwegens entdeckt. Das Lager soll 0,5prozentiges Molybdänerz enthalten. Die bisher einzige Fundstelle dieses u. a. auch für den Bau von Raketen und Weltraumfahrzeugen wichtigen Elementes im kapitalistischen Westeuropa, die sich ebenfalls in Südnorwegen befindet, enthält nur 0,2prozentiges Erz. He.

Steigende Weltproduktion von Antimon

Die Weltproduktion von Antimon ist 1960 von 59000 short tons (1959) auf 61000 short tons gestiegen. Die Zunahme in short tons verteilt sich auf die Hauptproduktionsländer wie folgt:

	1959	1960
VR China	16500	19000
gesamte asiatische Länder	18700	21500
Nordamerika	5225	6179
Europa	12000	12200
Afrika	15110	14760

Sonstiges

Energieverbrauch der verarbeitenden Industrie in den USA

Die Energiekosten der verarbeitenden Industrie in den USA können mit gewissen Einschränkungen als sehr repräsentativ für die amerikanischen Verhältnisse angesehen werden. Einen genauen Überblick über die Kosten, die der Energieverbrauch den einzelnen Industriezweigen verursacht, gibt der ,,Census of Manufactures", der von Zeit zu Zeit in den USA veranstaltet wird. Nach dem Census von 1954 erreichte der Energieverbrauch der USA-Industrie, wie F. KERSTAN in ,,Glückauf", 97, Nr. 2, S. 110—115, anführt, in dem genannten Jahr rd. 430 Mill. t SKE. Er gliederte sich auf in

31%	rd. 131 Mill. t SKE	feste Brennstoffe (Kohle, Koks)
8%	rd. 35 Mill. t SKE	Heizöl
50%	rd. 215 Mill. t SKE	Gas (überwiegend Naturgas)
5%	rd. 23 Mill. t SKE	Strom
6%	rd. 26 Mill. t SKE	sonstige Brennstoffe
100%	rd. 430 Mill. t SKE	

Die Gruppe der Metallerzeugnisse ist der größte Energieverbraucher. Aber auch die Chemie und die Gruppen der Erdöl- und Kohlenerzeugnisse und der Keramik weisen einen absolut hohen Energieverbrauch auf. Der Anteil der Kohle am Gesamtenergieverbrauch der Gruppen Metallerzeugnisse, Textilwaren, Nahrungsmittel, Papierwaren und Gummierzeugnisse macht 30 bis 50% aus. Bei der chemischen Industrie, der Keramik und der Glaserzeugung beläuft sich dagegen der Gasverbrauch auf 25 bis 30% der benötigten Energiemenge. Die gesamten Energiekosten der verarbeitenden Industrie sind im Census für 1954 mit rd. 5 Mrd. Dollar angegeben. Das machte knapp 5% der Wertschöpfung aus. Der Verbrauch an Kohle ist wertmäßig bedeutend größer als mengenmäßig. Viele Industrien, die auf dem Weltmarkt im Wettbewerb stehen, gehören zu den energieextensiven Industriezweigen; ihre Energiekosten können daher nur eine untergeordnete Rolle spielen. Ha.

Schwefelvorkommen in Polen

Das im Gebiet von Tarnobrzeg, Piaseczno und Szydlowiec entdeckte Schwefelvorkommen enthält mehr als 95 Mill. t reinen Schwefel. Das ist mehr, als die bedeutenden Schwefelproduzenten USA und Italien an Vorräten aufzuweisen haben. Die Volksrepublik Polen gehört damit zu den schwefelreichsten Ländern der Erde. In Tarnobrzeg wird gegenwärtig ein großes Schwefelkombinat errichtet. He.

Diamanten im Gebiet der Großen Seen Nordamerikas

In den eiszeitlichen Gletschern von Wisconsin, Michigan und Ohio sind schon vor 1899 einige Diamanten von $^1/_2$ bis 21 Karat gefunden worden. Die Frage des Ursprungsgebiets, ob in den USA oder in Kanada gelegen, blieb bis jetzt ungelöst. Nach einer von sowjetischen Forschern erprobten Methode will man jetzt, wie im Canad. Min. J., Vol. 81 (1960), S. 51—52, mitgeteilt wird, in der Eisdrift die leichter erkennbaren Indikatormineralien, besonders die Verbreitung des Pyrops, verfolgen, die weit häufiger als die Diamanten vorkommen und in den Kimberlitröhren zusammen mit Diamanten auftreten. Ha.

Diamantensuche unter Wasser

Auf einem ca. 280 km langen Küstenstreifen an der südwestafrikanischen Küste (Namib) nördlich der Mündung des Oranjeflusses soll jetzt erstmalig in größerem Ausmaß mit der Suche nach Diamanten begonnen werden. Die ,,Marine Diamond-Gesellschaft", die die Konzessionen für diesen Küstenstreifen besitzt, rechnet mit ,,enormen" Förderergebnissen unter Wasser. He.

Eine Unterwasserbohrung besonderer Art

Dem Heft 5/1961 ,,Erdöl und Kohle" ist zu entnehmen, daß die Shell Oil Co. kürzlich die erste ,,under water completion" vor der USA-Golfküste durchgeführt hat. Das Prinzip der in 17 m Wassertiefe bis zu einer Tiefe von 2530 m reichenden Bohrung besteht darin, daß die für das Ingangbringen der Förderung erforderlichen Ausrüstungen, z. B. das Eruptionskreuz, nicht mehr, wie bisher üblich, auf einem Gerüst an der Meeresoberfläche, sondern am Meeresboden ohne den Einsatz von Tauchern montiert werden. DRESSEL

100% Kerngewinn aus Lockergesteinen

In England wurde ein neues Verfahren zur Gewinnung eines vollständigen Bohrkerns ausgearbeitet. Gebohrt wird mit einem Bohrgestell, das auf einen Kraftwagen montiert ist. Kompressordruck: 10,6 kg/cm²; Kerndurchmesser: zwischen 7,5 bis 10 cm; Länge des Kernmarsches: 3,05 m.

Der bekannte Teil des Profils wird ohne Kernentnahme abgebohrt, das Flöz selbst dagegen mit einem Doppelkernrohr (gewöhnlich mit Diamantkrone), an dessen unterem Rand ein elastisches Kunststoffband von mindestens 0,1 bis 0,075 mm Stärke mittels stählener Ringfeder befestigt ist.

Länge und Breite des Bandes entsprechen der Länge und dem Umfang des Kernrohres.

So wird eine plastische Umhüllung des Bohrkernes erreicht, der in diesem Zustand sogleich ins Labor gebracht wird. Schon bei der ersten praktischen Erprobung wurden Kerngewinne von 100% erzielt. Sogar in Lockererden kann die Flözmächtigkeit mit einer Genauigkeit von 0,6 cm bestimmt werden. W. Bach

Verfahren zur Feststellung der Ausbildung des Gefrierringes bei Gefrierschächten und Anordnung zur Durchführung des Verfahrens

Es entspricht einem praktischen Bedürfnis, an Gefrierschächten zuverlässig und schnell die Dicke des gefrorenen Gebirges festzustellen.

Hierbei muß davon ausgegangen werden, daß die Kontaktgrenze zwischen gefrorenem und ungefrorenem Gebirge keine Grenzschicht mit klarer Diskontinuität, sondern eine diffuse Kontaktzone mit unregelmäßigen Übergängen zwischen gefrorenem und ungefrorenem Gebirge darstellt. In dieser diffusen Zone können eindeutige Reflexionen nicht erwartet werden, so daß Verfahren, die auf der Reflexion irgendwelcher Wellen beruhen, zu keinen befriedigenden Ergebnissen führen. Man muß daher die hier auftretende gleitende Variation der Schallgeschwindigkeiten beim Schalldurchgang zur Messung verwerten.

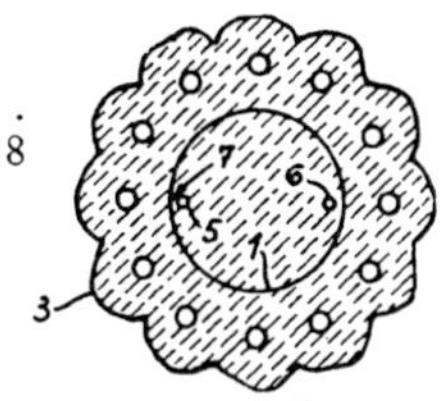

Zur Ermittlung der Grenze zwischen gefrorenem und ungefrorenem Gebirge wird aus den Geschwindigkeiten elastischer Wellen in beiden Medien eine Messung der Laufzeit zwischen einem Ort im gefrorenen Gebirge und einem Ort im ungefrorenen Gebirge durchgeführt. Mit Hilfe dieses Mischwertes der Laufzeit läßt sich an Hand der ermittelten Meßwerte das Verhältnis der Anteile des Mischwertes an Laufzeit in gefrorenem bzw. ungefrorenem Gebirge und damit ihre Kontaktzone zeichnerisch oder rechnerisch bestimmen.

In der Abb. ist der Lageplan eines Gefrierschachtes dargestellt:

Im Außenbohrloch am Ort (8) sind ein Schallgeber und in den konzentrisch eingebrachten zwölf Gefrierbohrlöchern Empfänger eingebaut. Vor der Ausbildung des Frostkörpers werden Laufzeitmessungen im ungefrorenen Gebirge durchgeführt, woraus sich im Diagramm aus den Abständen der Meßpunkte und der ermittelten Laufzeit t_u die Weg-Zeit-Gerade U ergibt.

Nach Beginn des Gefrierprozesses erfolgt die Messung der Laufzeit im gefrorenen Gebirge.

Die Messung der Geschwindigkeit im gefrorenen Gebirge kann z. B. zwischen den Hilfsmeßbohrlöchern (5 und 6) vorgenommen und damit die Laufzeit t_g im gefrorenen Gebirge ermittelt werden.

Die Ermittlung der Lage der Kontaktzone zwischen dem gefrorenen und ungefrorenen Gebirge erfolgt dann mit Hilfe eines Zeit-Weg-Diagramms.

Friedemann

Neuer Kleintheodolit

Unter den auf der diesjährigen Leipziger Frühjahrsmesse gezeigten, vom VEB Carl Zeiss Jena neu entwickelten geodätischen Geräten dürfte u. a. der Kleintheodolit Theo 120 Interesse finden. Trotz seiner kleinen Abmessungen und des geringen Gewichtes ist er durch seine ausgezeichneten optischen und mechanischen Eigenschaften vielseitig anwendbar. Besonders vorteilhaft ist sein Einsatz bei geologischen, geophysikalischen und geographischen Arbeiten. Er ist auch als hängender Nachtragetheodolit mit Steckzapfenverbindung für den Markscheider einsetzbar und eignet sich u. a. für ergänzende oder orientierende Aufgaben der Bildmessung. Das Fernrohr weist große Helligkeit und scharfe Bildkontraste auf. Das Ablesen der Teilkreise mit Index ist einfach. Ein weiterer Vorzug ist die beliebige Aufstellbarkeit des stets zwangszentrierten Gerätes in stehender oder hängender Lage. E. Siegmund

Kurznachrichten

Mit dem Bau der seit langem projektierten **Erdöl-Pipeline** von **Marseille** bis **Westdeutschland** ist von der Mitte der Strecke aus in beiden Richtungen begonnen worden. Sie wird von Fas-sur-Mer (nahe Marseille) über Valence, Besançon, Belfort und Straßburg nach Karlsruhe führen und soll Ende 1962 betriebsfähig werden.

Bei Wojwodina in **Jugoslawien** wurde ein Erdöl-/Erdgasvorkommen entdeckt, das der Schätzung nach rd. 1,4 Mill. t **Erdöl** jährlich liefern und damit den Bedarf des Landes decken würde.

In seinem Bericht gab der Erdölausschuß von **Libyen** kürzlich bekannt, daß sich die Zahl der fördernden Sonden auf 103 beläuft. Sie erbringen eine Förderung von ca. 28000 t **Erdöl** täglich. Dies entspricht einer jährlichen Förderung von 8,7 Mill. t.

Von den auf 5,5 Mrd. t geschätzten **Kohlenvorräten** von Kosova **(Jugoslawien)**, die hauptsächlich aus Lignit bestehen, sollen in den nächsten Jahren 12,8 Mill. jato im Tagebau gewonnen werden. In Kostolac, wo 1,8 Mrd. t Lignit erkundet wurden, wird die Förderung auf 4 Mill. t erhöht werden.

Die **Graphit**erzeugung in **Österreich** erreichte 1960 mit rd. 88000 t gegenüber 62000 t im Vorjahre einen Höchststand. Die für den Reaktorbau der Atomindustrie erforderlichen Mengen Elektrodengraphit eröffnen diesem Bergbauzweig neue Absatzmöglichkeiten.

Zwischen Vallemar und Copiapo in **Nordchile** wurden neue **Eisenerz**vorkommen von mehreren 100 Mill. t entdeckt, die weit größer sind als die Vorkommen von Algarrobo und neben der Deckung des Inlandsbedarfs größere Exportmengen liefern werden.

Die **Magnesit**produktion in **Österreich** konnte wegen des steigenden Bedarfs der Stahlindustrie von 1201000 t (1959) im Jahre 1960 auf 1625000 t gesteigert werden.

Wie der jordanische Wirtschaftsminister mitteilt, fanden westdeutsche Geologen bei Wadi Araba im Süden **Jordaniens** größere **Kupfererzvorkommen**. Die ersten Schätzungen der Erzvorräte belaufen sich auf 20—30 Mill. t.

Die staatliche Joma Bergwerk AG hat bei Bodenuntersuchungen in der Nähe des Limingen-Sees nordöstlich von **Trondheim** ein neues **Schwefelkupfer-Vorkommen** entdeckt, das als das größte Nordeuropas bezeichnet wird. Die Erzvorräte werden auf 15 bis 20 Mill. t geschätzt.

Der italienische Konzern Montecatini wird bei der Errichtung eines **Aluminiumwerkes** in **Madras** technische Hilfe leisten. Das Werk soll jährlich 10000 t Aluminiumbarren und Aluminiumlegierungen erzeugen.

Die Polnische Akademie der Wissenschaften hat den Bau eines Tonerdewerkes mit einer Jahreskapazität von 200000 t vorgeschlagen, das nach einem neuen Verfahren aus gewöhnlichem **Lehm Tonerde** herstellen soll.

Mehrere **Gold**vorkommen, die eine Förderung in großem Umfange gestatten, wurden im Gebiet von Tienschan und in der Wüste Kysyl-Kum in der **Usbekischen SSR** entdeckt.

Die **tiefste Turbobohrung** in der **Sowjetunion** wurde an der Küste des Kaspischen Meeres bei Neftyana Kamni bis zu einer Teufe von 5000 m niedergebracht.

Ein elektronisches **Transistorgerät** zur Messung der Richtungsabweichung tiefer Großbohrlöcher, bei dem die Meßwerte durch ein Kabel übertragen und eine hohe Meßgenauigkeit erreicht wird, wurde in Südafrika entwickelt.

Ein 2650 t schwerer **Greifbagger** von der Höhe eines 15stöckigen Hauses, der jährlich bis zu 6 Mill. m^3 Abraum bewältigen kann und 15000 Arbeitskräfte ersetzt, wurde im größten Kohlentagebau Ostsibiriens für den Abraum des Deckgebirges eingesetzt.

In den nächsten Heften

der

Zeitschrift für angewandte Geologie

erscheinen u. a. folgende Beiträge

H. J. ROGGE: Zur Erkundungsmethodik litoraler Schwermineralseifen an der südlichen Ostseeküste

N. P. BUDNIKOW, N. I. BUJALOW u. a.: Zu Fragen der Testarbeiten an Erdöl- und Erdgasbohrungen in der UdSSR

G. FANSELAU: Geomagnetische Feldwaagen

E. WOHLMANN: Kurzverfahren zur Bestimmung der Alkalien in Silikaten

E. M. JANISCHEWSKIJ & W. M. KONSTANTINOW: Der Einfluß tektonischer und petrographischer Faktoren auf die Uranvererzung im Erzgebirge

D. MÜNCH: Der Ton von Rieder

F. REUTER: Gebäudeschäden durch „Untergrundsenkungen" in Bad Frankenhausen (Kyffhäuser)

E. DITTRICH & H.-J. PAECH: Beobachtungen über Felsverformung beim Aushub einer großen Baugrube

QU. ZÁRUBA: Wasserdurchlässigkeitsprüfungen und Probeinjektionen für den Talsperrenbau

Herausgeber: Staatliche Geologische Kommission und Zentrale Vorratskommission für mineralische Rohstoffe der Deutschen Demokratischen Republik. Für die kollektive Chefredaktion: Dr. K. KAUTER (Redaktionssekretär), Berlin. Redaktion: Berlin N 4, Invalidenstraße 44. Verlag: Akademie-Verlag GmbH, Berlin W 8, Leipziger Straße 3—4 (Fernsprecher 220441, Telex 011773, Postscheckkonto: Berlin 35021). Bestellnummer des Heftes 1047/8/1. Die „Zeitschrift für angewandte Geologie" erscheint monatlich. Bezugspreis 2,— DM je Heft. — Satz und Druck: Druckhaus „Maxim Gorki", Altenburg. Veröffentlicht unter der Lizenznummer ZLN 5008 des Ministeriums für Kultur. Karten: MdI der DDR, Nr. 6832, 6900, 6964/K 11.

FSC
www.fsc.org
MIX
Papier | Fördert gute Waldnutzung
FSC® C083411

Zeitfracht Medien GmbH
Ferdinand-Jühlke-Straße 7
99095 Erfurt, Deutschland
produktsicherheit@kolibri360.de